Basiswissen Mathematik
auf Arabisch und Deutsch

أساسيات في الرياضيات باللغتين العربية والألمانية

Moritz Weber

Basiswissen Mathematik auf Arabisch und Deutsch

أساسيات في الرياضيات باللغتين العربية والألمانية

Ein zweisprachiger Vorkurs
für Studienanfänger in mathematisch-
naturwissenschaftlichen Fächern

دورة تحضيرية ثنائية اللغة للطلاب المستجدّين في فروع الرياضيات والعلوم الطبيعية

Moritz Weber
Fachrichtung Mathematik
Universität des Saarlandes
Saarbrücken, Deutschland

ISBN 978-3-662-58070-7   ISBN 978-3-662-58071-4   (eBook)
https://doi.org/10.1007/978-3-662-58071-4

Die Deutsche Nationalbibliothek verzeichnet diese Publikation in der Deutschen Nationalbibliografie; detaillierte bibliografische Daten sind im Internet über http://dnb.d-nb.de abrufbar.

Springer Spektrum

Verantwortlich im Verlag: Iris Ruhmann

Springer Spektrum ist ein Imprint der eingetragenen Gesellschaft Springer-Verlag GmbH, DE und ist ein Teil von Springer Nature
Die Anschrift der Gesellschaft ist: Heidelberger Platz 3, 14197 Berlin, Germany

"ينبغي لنا أن لا نستحيي من استحسان الحق واقتناء الحق من أين أتى، وإن أتى من الأجناس القاصية عنّا والأمم المباينة لنا."

أبو يوسف يعقوب بن إسحاق الكندي (٨٠٠–٨٧٣)

"Wir sollten uns nicht schämen die Wahrheit anzuerkennen gleich von welcher Quelle sie zu uns kam, selbst wenn sie uns von früheren Generationen oder fremden Menschen übermittelt wurde."

Abu Ya'qub ibn Ishaq al-Kindi (800–873)

Vorwort

Für das Hochschulstudium von Fächern im MINT-Bereich (etwa Biologie, Chemie, Physik, Informatik oder Ingenieurswissenschaften sowie Mathematik) ist die Mathematik ein grundlegendes Werkzeug. Es ist daher unerlässlich sich seines Basiswissens in der Mathematik zu vergewissern, wenn man ein derartiges Hochschulstudium beginnt, und das vorliegende Buch soll dabei eine Stütze sein. Es weist folgende drei wesentliche Merkmale auf:

(1) Wir haben eine knappe und kompakte Stoffauswahl getroffen, die keinerlei Anspruch auf Vollständigkeit erhebt.
(2) Unsere Vorgehensweise beruht eher auf Anschaulichkeit und auf Beispielen anstatt auf einem hohen technischen Detailgrad oder gar mathematischen Beweisen.
(3) Das Buch ist zwei-sprachig verfasst, auf deutsch und auf arabisch.

Das Buch ist aus dem Skript eines „Auffrischungskurses Mathematik für Geflüchtete" entstanden, der seit 2016 zweimal pro Jahr an der Universität des Saarlandes durchgeführt wird. Der Kurs ist für eine Laufzeit von sechs Wochen konzipiert, mit zwei Vorlesungen à 90 Minuten pro Woche sowie einer Übung von ebenfalls 90 Minuten. Dieser sehr begrenzte Zeitraum erklärt obiges Merkmal (1).

Ziel des Kurses ist es bestehendes mathematisches Wissen bei den Teilnehmern aufzufrischen und auf einen mathematischen Eingangstest der Universität des Saarlandes vorzubereiten. Wir versuchen also erklärtermaßen *nicht* neues Wissen zu vermitteln, sondern lediglich möglicherweise in Vergessenheit geratenes Wissen zu reaktivieren. Aus Teilnehmersicht besteht ein großes Interesse daran, mit konkreten Werkzeugen und Techniken zur Lösung von Aufgaben des Tests ausgestattet zu werden, was Merkmal (2) begründet.

Hintergrund jenes Eingangstests ist ein seit Oktober 2015 an der Universität des Saarlandes bestehendes Programm, das anerkannten Geflüchteten, die ihre Zeugnisse nicht vorlegen (und damit ihre Hochschulzugangsberechtigung nicht nachweisen) können, ein Studium im nicht zulassungsbeschränkten MINT-Bereich ermöglicht. Voraussetzung dafür ist, dass die Bewerber einen Eignungstest bestehen und erfolgreich einen einjährigen Deutschkurs absolvieren. Jener Eignungstest besteht neben einem halb-stündigen Studierfähigkeitstest in einem zweieinhalb-stündigen Mathematiktest; letzterer orientiert sich inhaltlich am Stoff des deutschen Abiturs in der Mathematik auf Grundkursniveau. Auf

مدخل

تعدّ الرياضيات حجر أساسٍ لفروع الـ MINT الجامعية (علم الأحياء، الكيمياء، الفيزياء، المعلوماتية، الرياضيات والعلوم الهندسية). لذلك لا بدّ مِن تمكين أساسيات الرياضيات لمن يودّ البدء بدراسة أحد هذه الفروع، وهذا ما يفترض أن يساعدَ هذا الكتاب في الوصول إليه.

السمات الثلاث الأساسية لهذا الكتاب:

(١) لقد تمّ اختيار محتوى موجز ومختصر بحيث لا يدّعي هذا الكتاب الكمال.

(٢) يعتمد أسلوبنا على الوضوح والأمثلة بدلاً من التركيز على درجة عالية من التفاصيل التقنية أو حتى البراهين الرياضية.

(٣) الكتاب ثنائيّ اللغة، بالعربية والألمانية.

نشأة الكتاب تأتي من نص "دورة الرياضيات لتجديد المعلومات للّاجئين"، والتي تقام مرتين في السنة منذ عام 2016 في جامعة السارلاند. تمّ تصميم هذه الدورة لتدرّس لمدّة ستّة أسابيع، في كلّ أسبوع تقام محاضرتين نظريّتين ومحاضرةٌ عملية، مدّة كلّ منها تسعون دقيقة.

هذه الفترة الزمنية المحدودة للغاية تبرّر السمة الأولى لهذا الكتاب (١).

الهدف من هذه الدورة إذاً هو تنشيط المعرفة الرياضية القائمة عند المشتركين، بالإضافة إلى تحضيرهم لامتحان القبول الرياضي في جامعة السارلاند. لذلك نحن لا نسعى إلى تعليم المعارف الجديدة، وإنّما نسعى لاستذكار بعض المعارف التي ربما قد تكون منسيّة.

من وجهة نظر المشتركين يوجد اهتمامٌ كبير بأن يتزوّدوا بالأدوات والتقنيات الملموسة التي ستؤهلهم لاجتياز امتحان القبول، وهذا ما يبرّر السمة الثانية للكتاب (٢).

خلفية امتحان القبول هذا هي برنامجٌ قائمٌ منذ تشرين الأوّل لعام 2015 في جامعة السارلاند، والذي يمكّن اللّاجئين المعترف بهم الذين يتعذّر عليهم تقديم شهاداتهم بما فيها (شهادة تأهيل الدخول الجامعي)، من متابعة الدراسة في التخصصات غير مشروطة القبول من أفرع الـ MINT، حيث يشترط عليهم أولاً اجتياز اختبار الكفاءة وإتمام دورة لغة ألمانية مدتها سنة بنجاح. كل اختبار كفاءة يتألّف من اختبار للمهارات الدراسية مدّته نصف ساعة واختبار رياضيات مدّته ساعتين ونصف، محتوى الأخير يستند في أساسه على مادة الرياضيات في الثانوية العامة الألمانية.

genau jenen Test ist der oben genannte Kurs und somit auch das dem Buch zugrundeliegende Skript zugeschnitten. Da ein Großteil der Kursteilnehmer aus arabischsprachigen Ländern stammt, haben wir ein zweisprachiges Skript erstellt, woraus schließlich obiges Merkmal (3) resultiert.

Der Autor wurde für die Konzeption und die Organisation des Kurses mit dem Landespreis Hochschullehre 2016 durch die damalige saarländische Ministerpräsidentin Annegret Kramp-Karrenbauer ausgezeichnet; mit dem Preisgeld wurde die Erstellung der Inhalte des vorliegenden Buches finanziert. Für eine ausführliche Darstellung des Auffrischungskurses siehe das Kapitel „Auffrischungskurs Mathematik für Geflüchtete – ein best practice example" in *D. Kergel, B. Heidkamp (Hrsg.), Praxishandbuch habitus- und diversitätssensible Hochschullehre*, erscheint bei VS Springer 2018/2019.

Folgende Themen werden in diesem Buch behandelt:

- Funktionen und deren Graphen (Graphen von Polynomen, rationalen Funktionen, trigonometrischen Funktionen, der Exponentialfunktion und des Logarithmus sowie der Wurzelfunktion; Rechenregeln der Exponentialfunktion und des Logarithmus)
- Grenzwerte (Grenzwerte von Funktionen an Definitionslücken oder im Unendlichen)
- Differential- und Integralrechnung (Differentiation und Integration oben genannter Typen von Funktionen; Produkt-, Quotienten- und Kettenregel; Tangenten von Funktionen; Extremwerte, Nullstellen; Flächen unter Funktionen oder zwischen Funktionen)
- Faktorisierung von Polynomen (Faktorisieren in Linearterme; Nullstellen finden; Lösen von polynomiellen Gleichungen)
- Lineare Gleichungssysteme
- Elementare Geometrie und Vektorkalkül (Flächen und Volumina elementarer Objekte wie Quader, Kugeln, Pyramiden etc; Addition und Subtraktion von Vektoren in drei Dimensionen; skalare Multiplikation, Kreuzprodukt; Orthogonalität)

Abschließend lässt sich festhalten, dass dieses Buch sowohl für Leser mit einem deutschen Schulabschluss wie auch für jene mit einem ausländischen einen kompakten Einstieg in das für ein MINT-Studium notwendige mathematische Grundwissen bietet. Allerdings geht dieses Buch, wie bereits oben erwähnt, nicht in die im Verlauf eines MINT-Studiums erforderliche Tiefe und deckt auch nicht alle möglicherweise relevanten Themen ab (z.B. wird die Stochastik in diesem Buch ausgelassen); siehe auch das Kapitel „Weiterführende Literatur". Wir sind dennoch überzeugt davon, dass ein mit dem in diesem Buch reaktivierten Wissen ausgestatteter Leser prinzipiell bereit ist, mit einem Hochschulstudium im MINT-Bereich zu beginnen.

Saarbrücken,   *Moritz Weber*
                                                                                      August 2018

لهذا الاختبار بالذات تم تصميم الدورة المذكورة أعلاه كما تمّ ملائمة النص الأساسي للكتاب.

لأن قسماً كبيراً من روّاد الدورة ينحدرون من بلدانٍ تنطق العربية، قمنا بإنشاء نصّ ثنائي اللّغة، والذي يفسّر أخيراً سمة الكتاب الثالثة (٣). لقد تمّ تكريم الكاتب لأجل تخطيطه وتنظيمه لهذه الدورة بجائزة الولاية للأساتذة الجامعيين في عام 2016، وذلك من قبل رئيسة وزراء ولاية السارلاند آنذاك Annegret Kramp–Karrenbauer، وبقيمة هذه الجائزة تمّ إعداد محتوى هذا الكتاب.

للاطلاع بشكل أكبر على دورة الرياضيات لتجديد المعلومات للّاجئين انظر الفصل
"Auffrischungskurs Mathematik für Geflüchtete – ein best practice example"
من كتاب
"Praxishandbuch habitus– und diversitätssensible Hochschullehre"
للمؤلّفين D. Kergel, B. Heidkamp (Hrsg.)
إصدار دار النشر VS Sringer 2018/2019.
سيتم تناول المواضيع التالية في الكتاب:

- التوابع وخطوطها البيانية (الخطوط البيانية لكل من كثيرات الحدود، الدوال الكسرية، الدوال المثلثية، الدالة الأسية، الدالة الجذرية واللوغاريتم، قواعد حساب الدالة الأسية واللوغاريتم).
- النهايات (نهايات الدوال عند نقاط عدم التعيين واللانهاية).
- التفاضل والتكامل (تفاضل وتكامل الدوال المذكورة في الأعلى، قواعد الضرب والقسمة والسلسلة في حساب المشتقات، مماس الدوال، القيم الحديّة، الجذور، المساحات تحت الدوال أو بين دالتين).
- تحليل كثيرات الحدود (تحليل كثيرات الحدود إلى عوامل خطّية، إيجاد الجذور، حل المعادلات كثيرة الحدود).
- أنظمة المعادلات الخطّية.
- الهندسة وحساب الأشعّة (مساحات وأحجام الأجسام الرئيسية كمتوازي المستطيلات، الكرة، الهرم إلخ، جمع وطرح الأشعة في الفضاء ثلاثي الأبعاد، الضرب القياسي، الضرب التقاطعي والتعامد).

ختاماً يمكن القول بأنّ هذا الكتاب يقدّم للقارئ سواءً كانت شهادته الثانوية ألمانية أو أجنبية المعارف الأساسيّة في الرياضيات والمطلوبة لدراسة أحد أفرع الـ MINT، غير أنّ هذا الكتاب وكما ذكرنا في الأعلى، لا يتعمّق بالشكل المطلوب كما في الدراسة الجامعية كما أنّه لا يغطّي جميع المواضيع الممكن دراسَتها (لم يتم مثلاً التطرّق لعلم الإحصاء والاحتمالات في هذا الكتاب). انظر الفصل "مراجع إضافية مقترحة" في آخر الكتاب. مع ذلك فنحن على قناعةٍ تامّة بأنّ القارئ المتقن للمعارف التي أعيد تنشيطها بين طيّات هذا الكتاب سيكون مستعدّاً للبدء في دراسة أحد فروع الـ MINT.

ساربروكن،
آب 2018

Moritz Weber

Danksagungen

An der Entstehung dieses Buches sind eine Reihe von Leuten beteiligt, denen ich herzlich danken möchte. In erster Linie sind das Andreas Widenka (auch Koordination des Buchprojektes) und Rami Ahmad für die gewissenhafte Ausarbeitung der deutschen Fassung sowie Ahmad Fakher Alddin und Ayham Omar für die sorgfältige arabische Übersetzung. Die arabischen Manuskripte wurden von Mortada Ahmad auf Übereinstimmung mit dem deutschen Skript sowie von Dr. Marwa Banna auf mathematische Korrektheit kritisch gelesen, wofür ihnen mein großer Dank gilt. Des Weiteren danke ich Dr. Béatrice Hallouet, Felix Leid und Simon Schmidt, die den Auffrischungskurs zusammen mit Andreas Widenka und Rami Ahmad in den letzten Jahren erfolgreich durchgeführt und durch viele Verbesserungen am laufenden Kursskript zu dem finalen Stand in diesem Buch beigetragen haben. Ich danke Studiendekan Prof. Dr. Anselm Lambert für die Hilfe bei weiterführenden Literaturhinweisen.

Schließlich möchte ich mich bei der damaligen saarländischen Ministerpräsidentin Annegret Kramp-Karrenbauer für den mit einem großzügigen Preisgeld ausgestatteten Landespreis Hochschullehre 2016 bedanken, der die Finanzierung dieses Manusskripts ermöglicht hat und den Anstoß dazu gegeben hat, dieses Buchprojekt überhaupt erst in Angriff zu nehmen. Beim Springer-Verlag bedanke ich mich für die Aufgeschlossenheit ein aufgrund seiner Zweisprachigkeit so außergewöhnliches Format zu veröffentlichen.

كلمة شكر

أودّ أن أتقدّم بالشكر لعددٍ من الأشخاص الذين ساهموا في نشأة هذا الكتاب. في المقام الأوّل Andreas Widenka (منسّق مشروع الكتاب) ورامي أحمد لعملهم الدؤوب على النسخة الألمانية، وكذلك أحمد فخرالدين وأيهم عمر للترجمة العربية الدقيقة. كما أخصّ بالشكر الكبير السيّد مرتضى أحمد للتأكّد من تطابق النصّين العربي والألماني، والدكتورة مروة البنّا التي قامت بالتنقيح الرياضي. علاوةً على ذلك أتقدّم بالشكر لكلّ من Dr. Béatrice Hallouet ، Felix Leid و Simon Schmidt، الذين ساهموا في السنوات الأخيرة بالتعاون مع Andreas Widenka ورامي أحمد بإتمام هذه الدورة بنجاح، كما قاموا بالعديد من التحسينات على نصّ الكتاب حتى وصل إلى الوضع الحالي. كما أشكر عميد الكلية البروفيسور Dr. Anselm Lambert للمساعدة في تقديم المزيد من المراجع.

نهايةً أريد أن أتشكّر رئيسة وزراء ولاية السارلاند آنذاك Annegret Kramp–Karrenbauer لمنحي جائزة الأساتذة الجامعيين في ولاية السارلاند لعام 2016، والتي تضمّنت مكافأة مالية سخيّة أتاحت التمويل اللازم لكتابة محتوى هذه الدورة وشكّلت الدافع لبدء مشروع الكتاب هذا في المقام الأوّل. الشكر أيضاً لدار النشر Springer لانفتاحها ونشرها هذا الكتاب ذو التنسيق مزدوج اللّغة الغير مألوف.

Inhaltsverzeichnis

المحتويات

Notationen und Sprechweisen

Die meisten Notationen werden innerhalb des Buches definiert. Hier sind noch einige Standardnotationen, die wir benutzen werden:

$\mathbb{N}$	Die natürlichen Zahlen: $\{1,2,3,\dots\}$
$\mathbb{N}_0$	Die natürlichen Zahlen inklusive der 0: $\{0,1,2,3,\dots\}$
$\mathbb{Z}$	Die ganzen Zahlen: $\{\dots,-3,-2,-1,0,1,2,3,\dots\}$
$\mathbb{Q}$	Die rationalen Zahlen: $\frac{5}{14}, \frac{-2}{2}, \dots$
$\mathbb{R}$	Die reellen Zahlen: $2.24353, \pi, e, \dots$
$\mathbb{R}\setminus\{0\}$	Die reellen Zahlen ohne die 0
$\mathbb{R}_{\geq 0}$	Die positiven reellen Zahlen und die 0
$\mathbb{R}_{>0}$	Die positiven reellen Zahlen (ohne 0)
$[a,b]$	Das (abgeschlossene) Intervall von a nach b inklusive a und b
(a,b)	Das (offene) Intervall von a nach b ohne a und b
$[a,b)$	Das (halboffene) Intervall von a nach b inklusive a ohne b
$f : A \to B$	Die Funktion f bildet von A nach B ab.
$\mathbf{x}$	Der Vektor $\mathbf{x}$
$\lvert x \rvert$	Der Absolutbetrag der Zahl x: $\lvert 4 \rvert = 4, \lvert -4 \rvert = 4$
$\lVert \mathbf{x} \rVert$	Die Länge des Vektors $\mathbf{x}$

دلالات الرموز الرياضية وطرق لفظها

سيتمّ تعريف معظم الرموز ضمن فصول الكتاب. فيما يلي قائمة ببعض الرموز القياسية التي سنستخدمها:

الرمز	الدلالة
$\mathbb{N}$	الأعداد الطبيعية: $\{1,2,3,\dots\}$
$\mathbb{N}_0$	الأعداد الطبيعية متضمنة 0: $\{0,1,2,3,\dots\}$
$\mathbb{Z}$	الأعداد الصحيحة: $\{\dots,-3,-2,-1,0,1,2,3,\dots\}$
$\mathbb{Q}$	الأعداد الكسرية: $\dots,\frac{-2}{2},\frac{5}{14}$
$\mathbb{R}$	الأعداد الحقيقية: $2.24353,\pi,e,\dots$
$\mathbb{R}\setminus\{0\}$	الأعداد الحقيقية ما عدا 0
$\mathbb{R}_{\geq 0}$	كل الأعداد الحقيقية الموجبة مع 0
$\mathbb{R}_{>0}$	الأعداد الحقيقية الموجبة (ما عدا 0)
$[a,b]$	مجال (مغلق) من a إلى b متضمناً كلاً من a و b
(a,b)	مجال (مفتوح) من a إلى b لا يتضمّن كلاً من a و b
$[a,b)$	مجال (نصف مفتوح) من a إلى b متضمناً a ولا يتضمّن b
$f:A\to B$	تابع f منطلقه A ومستقره B
$\mathbf{x}$	الشعاع $\mathbf{x}$
$|x|$	القيمة المطلقة للرقم x: $\;4=|-4|\,,\;4=|4|$
$\|\mathbf{x}\|$	نظيم (طول) الشعاع $\mathbf{x}$

Hier eine Liste, wie die häufigsten mathematischen Schreibweisen auf Deutsch heißen:

$x = y$	x gleich y
$x + y$	x plus y
$x - y$	x minus y
$x \cdot y$	x mal y
$\frac{x}{y}$	x geteilt durch y
$\frac{1}{2}$	ein Halb
$\frac{1}{3}$	ein Drittel
$\frac{1}{4}$	ein Viertel
x^y	x hoch y
$\lim$	Limes (oder: Grenzwert)
$\sqrt{x}$	Wurzel (von) x
$f(x)$	f von x
π	Pi
$x \in \mathbb{R}$	x (Element) aus $\mathbb{R}$
$\mathbb{R} \setminus \{0\}$	$\mathbb{R}$ ohne Null

القائمة التالية تحوي على الرموز الرياضية الأكثر استخداماً وطريقة لفظها:

x يساوي y	$x = y$
x زائد y	$x + y$
x ناقص y	$x - y$
x ضرب y	$x \cdot y$
x مقسومة على y	$\frac{x}{y}$
نصف	$\frac{1}{2}$
ثلث	$\frac{1}{3}$
ربع	$\frac{1}{4}$
x للأس y	x^{y}
نهاية	$\lim$
جذر x	$\sqrt{x}$
التابع $f(x)$	$f(x)$
"باي"	π
x ينتمي لـ $\mathbb{R}$	$x \in \mathbb{R}$
$\mathbb{R}$ ما عدا الصفر	$\mathbb{R} \setminus \{0\}$
جب	$\sin$
جيب التمام (تجيب)	$\cos$
ظل	$\tan$

1 Polynome und ihre Nullstellen

Zusammenfassung In diesem Kapitel wollen wir eine bestimmte Klasse von Funktionen, die *Polynome*, genauer untersuchen. Diese sind von besonderer Bedeutung, da sie relativ einfach zu handhaben und gut geeignet für die Approximation anderer Funktionen sind. Polynome sind fast vollständig durch ihre *Nullstellen* charakterisiert. Wir werden daher zunächst Polynome definieren und dann für bestimmte Polynome Techniken kennenlernen, ihre Nullstellen zu berechnen. Dies wird uns am Ende zu der Faktorisierung von Polynomen führen.

1.1 Polynome und Nullstellen im Allgemeinen

Zunächst definieren wir Polynome und einige ihrer Eigenschaften.

Definition 1.1 Eine Funktion $f : \mathbb{R} \to \mathbb{R}$ heißt *Polynom*, wenn f von der Form

$$f(x) = a_n x^n + a_{n-1} x^{n-1} + \cdots + a_1 x + a_0, \quad n \in \mathbb{N}, \quad a_0, \ldots, a_n \in \mathbb{R}, \quad a_n \neq 0$$

ist. Die Zahl n heißt der *Grad* von f, a_n ist der *Leitkoeffizient* von f und a_0 ist der *konstante Term*. Ist $a_n = 1$, so heißt das Polynom *normiert*.
Eine Zahl $a \in \mathbb{R}$ mit $f(a) = 0$ heißt (reelle) *Nullstelle* von f.

Beispiel 1.2 Einige Beispiele für Polynome sind:

1. Sei $a \in \mathbb{R}$, $a \neq 0$. Dann ist die konstante Funktion

$$f(x) = a \quad \text{für alle } x$$

   ein Polynom vom Grad 0 ohne Nullstellen.
2. Sei $n \in \mathbb{N}$ eine natürliche Zahl. Dann ist die Funktion

$$f(x) = x^n$$

© Springer-Verlag GmbH Deutschland, ein Teil von Springer Nature 2018
M. Weber, *Basiswissen Mathematik auf Arabisch und Deutsch –*
أساسيات في الرياضيات باللغتين العربية والألمانية, https://doi.org/10.1007/978-3-662-58071-4_1

١ كثيرات الحدود وجذورها

ملخص في هذا الفصل، سوف ندرس فئة معيّنة من الدوال (التوابع)، ألا وهي كثيرات الحدود. هذه الفئة ذات أهميّة خاصة، حيث تمتاز بسهولة التعامل معها، وبأنّها مناسبة للقيام بعملية تقريب توابع أخرى. يمكن عرض كثيرات الحدود بشكل شبه كامل عن طريق جذورها، لذلك سنقوم أولاً بتعريف كثيرات الحدود، ومن ثم سنتعرّف على بعض التقنيات لحساب جذور بعضها. هذا سيقودنا في النهاية إلى تحليل كثيرات الحدود إلى عوامل أوليّة.

١.١ كثيرات الحدود وجذورها عموماً

أولاً، سنعرّف كثيرات الحدود وبعض خصائصها.

تعريف ١.١ نقول عن دالة $f : \mathbb{R} \to \mathbb{R}$ دالة "كثيرة الحدود"، عندما تكون f من الشكل:

$$f(x) = a_n x^n + a_{n-1} x^{n-1} + \cdots + a_1 x + a_0, \quad n \in \mathbb{N}, \quad a_0, \ldots, a_n \in \mathbb{R}, \quad a_n \neq 0$$

الرقم n يدعى "درجة" الدالة f، a_n تدعى "المعامل الرئيسي" للدالة f و a_0 يدعى "الحدّ الثابت". إذا كانت $a_n = 1$، نقول أنّ f كثيرة حدود "مونيك" (eng. Monic Polynomial).
إذا كانت $f(a) = 0$ عندما $a \in \mathbb{R}$، نطلق على a "جذر" (حقيقي) للدالة f.

مثال ١.٢ بعض الأمثلة على كثيرات الحدود:

١. لتكن $a \in \mathbb{R}$، $a \neq 0$ عندها تكون الدالة الثابتة

$$f(x) = a \quad \text{لأجل أي قيمة } x$$

كثيرة حدود من الدرجة صفر، وليس لها أي جذر.

٢. ليكن $n \in \mathbb{N}$ عدد طبيعي، عندها تكون الدالة

$$f(x) = x^n$$

ein Polynom vom Grad n mit der einzigen Nullstelle 0. f heißt auch das *Monom* vom Grad n.

3. Die Funktion

$$f(x) = x^2 - 1$$

ist ein Polynom vom Grad 2 mit den beiden Nullstellen ± 1.

4. Die Funktion

$$f(x) = x^2 + 1$$

ist ein Polynom vom Grad 2 ohne reelle Nullstellen, das heißt, es gibt kein $a \in \mathbb{R}$ mit $f(a) = 0$.

Bemerkung 1.3 Die Nullstellen eines Polynoms sind die Werte, an denen der Graph des Polynoms die x-Achse schneidet.

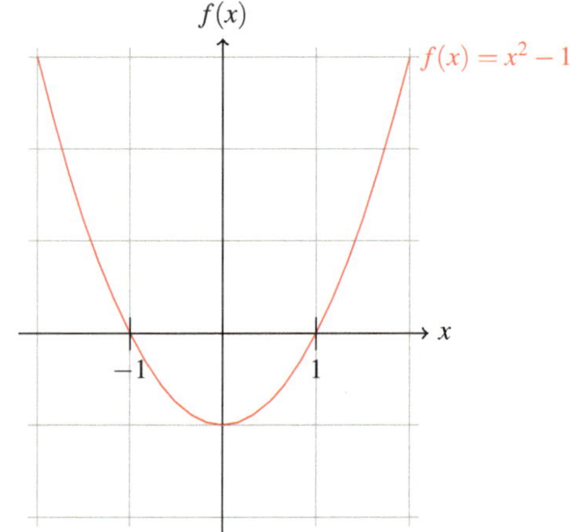

Abb. 1.1: Der Graph des Polynoms $x^2 - 1$ schneidet die x-Achse an den Punkten ± 1 (vgl. Beispiel 1.23).

Bemerkung 1.4 Neben den reellen Zahlen, die wir mit $\mathbb{R}$ bezeichnen, gibt es auch noch den Zahlbereich der *komplexen Zahlen* , der meist mit $\mathbb{C}$ bezeichnet wird. Lassen wir komplexe Zahlen zu, so hat ein nichtkonstantes Polynom immer eine Nullstelle. Wir werden die komplexen Zahlen hier nicht behandeln; wenn von 'Nullstellen' gesprochen wird, sind also stets reelle Nullstellen gemeint.

Bemerkung 1.5 Wir können jedes gegebene Polynom f normieren, indem wir es durch den Leitkoeffizienten a_n teilen. Dabei ändern wir nicht die Nullstellen, da

$$f(a) = 0 \Leftrightarrow \frac{f(a)}{a_n} = 0$$

gilt. Wir können also stets vor dem Ausrechnen der Nullstellen eines Polynoms das Polynom normieren, um so die Rechnung zu vereinfachen.

كثيرة حدود من الدرجة n، ولها الجذر الوحيد 0. كما تدعى f في هذه الحالة أيضاً دالة أحادية الحد من الدرجة n.

3. الدالة

$$f(x) = x^2 - 1$$

هي دالة كثيرة الحدود من الدرجة الثانية لها الجذرين ± 1.

4. الدالة

$$f(x) = x^2 + 1$$

هي دالة كثيرة الحدود من الدرجة الثانية ليس لها جذور حقيقية، أي أنّه لا توجد $a \in \mathbb{R}$ تحقّق المعادلة $f(a) = 0$.

ملاحظة 1.3 جذور كثيرات الحدود، هي النقاط التي يتقاطع فيها الرسم البياني لكثيرة الحدود مع المحور x.

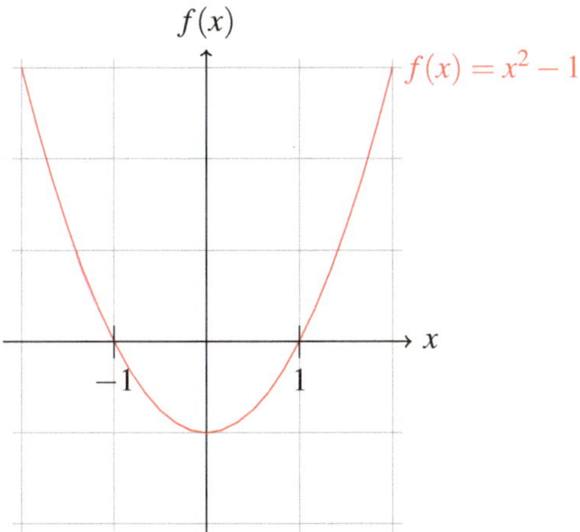

شكل 1.1: الرسم البياني لكثيرة الحدود $x^2 - 1$ يتقاطع مع المحور x في النقطتين ± 1 (انظر المثال 2.31).

ملاحظة 1.4 إلى جانب الأعداد الحقيقية، التي نشير لها بواسطة $\mathbb{R}$، هنالك أيضاً مجموعة الأعداد العقديّة، والتي يشار إليها غالباً بواسطة $\mathbb{C}$. إذا اعتبرنا الأعداد العقديّة في حساباتنا، فستملك جميع كثيرات الحدود (ما عدا الثابتة) جذراً. لن نتطرّق إلى الأعداد العقديّة في هذا الفصل، لذلك عند الحديث عن الجذور، فالمقصود هنا هي الجذور الحقيقية.

ملاحظة 1.5 يمكننا جعل أي دالة كثيرة الحدود f مونيك من خلال قسمتها على المعامل الرئيسي a_n، حيث لن تتغيّر الجذور عند قيامنا بذلك:

$$f(a) = 0 \Leftrightarrow \frac{f(a)}{a_n} = 0$$

يمكننا بالتالي دوماً قبل حساب جذور كثيرة حدود ما، جعلها مونيك لتسهيل عملية الحساب.

Die Nullstellen eines normierten Polynoms charakterisieren dieses oftmals komplett, siehe auch Abschnitt 1.6 über Faktorisierung von Polynomen am Ende des Kapitels. Daher ist die Berechnung der Nullstellen für Polynome von besonderer Bedeutung. Für allgemeinen Grad ist es allerdings nicht möglich, eine allgemeine Formel für die Nullstellen hinzuschreiben: je größer der Grad, desto schwerer ist es im Allgemeinen alle Nullstellen zu bestimmen. Bevor wir uns die Polynome von kleinerem Grad anschauen, betrachten wir eine Möglichkeit, für spezielle Polynomen eine Nullstelle direkt zu bestimmen und gleichzeitig den Grad eines Polynoms zu verringern.

Bemerkung 1.6 Ist $f(x) = a_n x^n + a_{n-1} x^{n-1} + \cdots + a_1 x$ ein Polynom ohne konstanten Term a_0, so ist 0 stets eine Nullstelle des Polynoms. Wir können dann $f(x) = x g(x)$ schreiben mit $g(x) = a_n x^{n-1} + \cdots + a_1$. Das Polynom g hat kleineren Grad als f und die Nullstellen von g sind die restlichen Nullstellen von f.

Beispiel 1.7 $f(x) = x^3 + x^2 - 6x$ ist vom Grad 3 und lässt sich schreiben als $f(x) = x(x^2 + x - 6)$. Also ist 0 eine Nullstelle von f und die anderen Nullstellen sind die von $g(x) = x^2 + x - 6$, die 2 und -3 sind, siehe auch Beispiel 1.9. Insgesamt hat das Polynom f also die Nullstellen 0, 2 und -3.

Wir wollen uns nun für Polynome kleineren Grades konkrete Lösungsverfahren anschauen. Dabei werden wir uns gemäß Bemerkung 1.5 meistens auf normierte Polynome einschränken.

1.2 Polynome vom Grad 0 und Grad 1

Polynome vom Grad 0 haben lediglich einen konstanten Term a_0 und wurden bereits in Beispiel 1 betrachtet.
Achtung! Die konstante Funktion „$f(x) = 0$ für alle x" ist ebenfalls ein Polynom, aber mit unendlich vielen Nullstellen.
Ist

$$f(x) = x + a$$

ein Polynom vom Grad 1, so sehen wir direkt, dass $f(x) = 0$ genau dann gilt, wenn $x = -a$ ist. Also hat f die eindeutige Nullstelle $-a$ (Ein Polynom vom Grad 1 heißt wegen seines Graphen auch *linear*).

1.3 Polynome vom Grad 2 und die p-q-Formel

Sei nun

$$f(x) = x^2 + px + q, \quad p, q \in \mathbb{R}$$

ein Polynom zweiten Grades, auch *quadratisches Polynom* genannt. Was sind die Nullstellen von f? Hier können wir sie noch explizit und schnell ausrechnen:

كما ذكرنا، يمكن في كثيرٍ من الأحيان عرض كثيرات الحدود بشكلٍ كامل عن طريق جذورها (انظر المقطع 1.6 عن تحليل كثيرات الحدود إلى عوامل في أسفل الفصل). لذلك سنرى أن لحساب جذور كثيرات الحدود أهميّة خاصة. من غير الممكن إيجاد صيغة عامة لحساب جذور أي كثيرة حدود من أي درجة، حيث أنه كلما كبرت الدرجة، يصبح من الأصعب غالباً إيجاد جميع الجذور. قبل أن نستعرض كثيرات الحدود صغيرة الدرجة، سنتأمّل إمكانيّة إيجاد جذور بعض كثيرات الحدود الخاصة بشكلٍ مباشر، وبنفس الوقت كيفيّة تخفيض درجة كثيرة الحدود.

ملاحظة 1.6 إذا كانت $f(x) = a_n x^n + a_{n-1} x^{n-1} + \cdots + a_1 x$ كثيرة حدود، ليس لها حد ثابت a_0، عندها يكون 0 دائماً جذراً لهذه الدالة. يمكننا حينها كتابة $f(x) = xg(x)$ حيث $g(x) = a_n x^{n-1} + \cdots + a_1$. كثيرة الحدود g لها درجة أصغر من درجة f، وجذور الدالة g هي بقيّة جذور الدالة f.

مثال 1.7 $f(x) = x^3 + x^2 - 6x$ هي كثيرة حدود من الدرجة 3، ويمكن كتابتها على الشكل $f(x) = x(x^2 + x - 6)$. أي أنّ 0 جذر للدالة f، وبقيّة الجذور هي نفسها للدالة $g(x) = x^2 + x - 6$، 2 و 3−. بالمجمل يكون للدالة f الجذور الثلاثة 0، 2، 3−.

نريد الآن استعراض طرق حلّ محدّدة لكثيرات الحدود صغيرة الدرجة. خلال ذلك سنحصر دراستنا في معظم الأحيان على كثيرات الحدود المونيك وفقاً للملاحظة 1.5.

1.2 كثيرات الحدود من الدرجة 0 والدرجة 1

كثيرات الحدود من الدرجة 0 تتألّف من حدّ ثابتٍ وحيد a_0، كما شاهدنا في المثال 1.

تنبيه! الدالة الثابتة "$f(x) = 0$ لأجل أي قيمة x"، هي أيضاً كثيرة حدود ولكن لها عدد لا نهائي من الجذور. لكن

$$f(x) = x + a$$

كثيرة حدود من الدرجة 1. يمكننا مباشرة الملاحظة أن $f(x) = 0$ تتحقق عندما $x = -a$، هذا يعني أن f لها جذر واضح وهو $-a$ (نطلق على كثيرات الحدود من الدرجة 1 كثيرات حدود "خطيّة"، وتأتي هذه التسمية من رسمها البياني).

1.3 كثيرات الحدود من الدرجة 2 وقانون p-q

لتكن الدالة

$$f(x) = x^2 + px + q, \quad p, q \in \mathbb{R}$$

كثيرة حدود من الدرجة 2، تدعى أيضاً كثيرات الحدود "التربيعيّة".
ما هي جذورها؟ هكذا يمكننا حساب هذه الجذور بشكل واضح:

$$\begin{aligned}
x^2 + px + q &= 0 && |-q \\
\Leftrightarrow \quad x^2 + px &= -q && \left|+\dfrac{p^2}{4}\right. \\
\Leftrightarrow \quad x^2 + px + \dfrac{p^2}{4} &= \dfrac{p^2}{4} - q && |\,(a^2 + 2ab + b^2) = (a+b)^2 \\
\Leftrightarrow \quad \left(x + \dfrac{p}{2}\right)^2 &= \dfrac{p^2}{4} - q
\end{aligned}$$

Wir können nun auf beiden Seiten die Wurzel ziehen. Dafür nehmen wir an, dass $\frac{p^2}{4} - q \geq 0$ ist (aus negativen Zahlen können wir schließlich keine Wurzel ziehen). Dann erhalten wir:

$$\begin{aligned}
\left(x + \dfrac{p}{2}\right)^2 &= \dfrac{p^2}{4} - q && \left|\sqrt{(\ \ )}\right. \\
\Leftrightarrow \quad x + \dfrac{p}{2} &= \pm\sqrt{\dfrac{p^2}{4} - q} && \left|-\dfrac{p}{2}\right. \\
\Leftrightarrow \quad x &= -\dfrac{p}{2} \pm \sqrt{\dfrac{p^2}{4} - q}
\end{aligned}$$

Wir erhalten also die *p-q-Formel*:

Satz 1.8 *Für*

$$f(x) = x^2 + px + q$$

sind die Nullstellen x_1, x_2 gegeben durch

$$x_{1,2} = -\frac{p}{2} \pm \sqrt{\frac{p^2}{4} - q}, \qquad \textit{(p-q-Formel)}$$

sofern $\frac{p^2}{4} - q \geq 0$ gilt.

Was sagt uns also die Zahl $p^2/4 - q$ über die Anzahl der Nullstellen?

- $p^2/4 - q < 0 \Rightarrow$ Es gibt keine reelle Nullstelle.
- $p^2/4 - q = 0 \Rightarrow x = -p/2 \pm 0 \Rightarrow x = -p/2$.
  Wir haben also insgesamt eine reelle Nullstelle.
- $p^2/4 - q > 0 \Rightarrow x_{1,2} = -p/2 \pm \sqrt{p^2/4 - q}$.
  Wir haben also zwei verschiedene reelle Nullstellen.

Ein Polynom vom Grad 2 kann also entweder keine, genau eine oder zwei Nullstellen in den reellen Zahlen haben.

$$\begin{aligned}
x^2 + px + q &= 0 && |-q \\
\Leftrightarrow \quad x^2 + px &= -q && \left|+\frac{p^2}{4}\right. \\
\Leftrightarrow \quad x^2 + px + \frac{p^2}{4} &= \frac{p^2}{4} - q && |(a^2 + 2ab + b^2) = (a+b)^2 \\
\Leftrightarrow \quad \left(x + \frac{p}{2}\right)^2 &= \frac{p^2}{4} - q
\end{aligned}$$

يمكننا الآن تطبيق الجذر التربيعي على كلا الطرفين، لأجله نفترض أنّ $\frac{p^2}{4} - q \geq 0$ (لا يمكننا إيجاد الجذر التربيعي للأرقام السالبة)، فنحصل على:

$$\begin{aligned}
\left(x + \frac{p}{2}\right)^2 &= \frac{p^2}{4} - q && |\sqrt{(\ )} \\
\Leftrightarrow \quad x + \frac{p}{2} &= \pm\sqrt{\frac{p^2}{4} - q} && \left|-\frac{p}{2}\right. \\
\Leftrightarrow \quad x &= -\frac{p}{2} \pm \sqrt{\frac{p^2}{4} - q}
\end{aligned}$$

أي أننا نحصل على قانون p–q :

نظرية 1.8 لأجل كثيرة الحدود:

$$f(x) = x^2 + px + q$$

نحصل على الجذور x_1، x_2 عن طريق المعادلة:

$$x_{1,2} = -\frac{p}{2} \pm \sqrt{\frac{p^2}{4} - q}. \qquad \text{(قانون–p–q)}$$

بشرط كون $\frac{p^2}{4} - q \geq 0$.

ما المعلومات التي يحملها الرقم $p^2/4 - q$ عن عدد الجذور؟

- $p^2/4 - q < 0$.
  لا يوجد جذور.
- $p^2/4 - q = 0 \Rightarrow x = -p/2 \pm 0 \Rightarrow x = -p/2$.
  يوجد جذر وحيد.
- $p^2/4 - q > 0 \Rightarrow x_{1,2} = -p/2 \pm \sqrt{p^2/4 - q}$.
  يوجد جذران مختلفان.

هذا يعني أن كثيرة حدود من الدرجة 2 يمكن ألّا يكون لها أي جذر، أو يكون لها جذر وحيد، أو جذرين من الأعداد الحقيقية.

Beispiel 1.9 1. $f(x) = x^2 + x - 6$, also $p = 1, q = -6$. Die p-q-Formel liefert:

$$x_{1,2} = -\frac{1}{2} \pm \sqrt{\frac{1}{4} + 6} = -\frac{1}{2} \pm \sqrt{\frac{25}{4}}$$

Da $25/4 > 0$ ist, erhalten wir die zwei Nullstellen

$$x_1 = -\frac{1}{2} + \frac{5}{2} = 2, \qquad x_2 = -\frac{1}{2} - \frac{5}{2} = -3.$$

Eine Probe zeigt uns, dass dies tatsächlich die Nullstellen sind:

$$f(2) = 2^2 + 2 - 6 = 4 + 2 - 6 = 0, \quad f(-3) = (-3)^2 - 3 - 6 = 9 - 3 - 6 = 0$$

2. $f(x) = x^2 + 2x + 2$, also $p = 2, q = 2$. Also:

$$\frac{p^2}{4} - q = 1 - 2 = -1 < 0.$$

Damit hat f keine Nullstelle in den reellen Zahlen.

Bemerkung 1.10 Für ein (nicht notwendig normiertes) Polynom vom Grad 2 lässt sich neben der p-q-Formel auch die *Mitternachtsformel* verwenden:
Ist $f(x) = ax^2 + bx + c$ und setzen wir $\Delta = b^2 - 4ac$, so erhalten wir, im Fall $\Delta \geq 0$, die beiden Nullstellen von f als

$$x_{1,2} = \frac{-b \pm \sqrt{\Delta}}{2a}.$$

Die beiden Formeln sind (für $a = 1$) vollkommen äquivalent und beide können benutzt werden.

Dies beendet unsere Untersuchung der Polynome vom Grad 2. Für Polynome vom Grad 3 und 4 gibt es ebenfalls Formeln ähnlich der p-q-Formel. Diese sind jedoch weitaus komplizierter und sie auswendig zu lernen ist nicht wirklich praktikabel. Stattdessen werden wir für diesen Fall einige Tricks kennenlernen, die uns in manchen Fällen die Nullstellen solcher Polynome liefern.

1.4 Polynome vom Grad 4 in spezieller Form

Wir beginnen mit dem Grad 4 in einem Spezialfall, der sich leicht auf den Fall von Polynomen vom Grad 2 zurückführen lässt.
Sei ein Polynom vom Grad 4 gegeben mit der speziellen Form

$$f(x) = x^4 + a_2 x^2 + a_0,$$

f enthält also keine Terme mit x^3 oder x. Dann können wir eine *Substitution* anwenden:
Wir setzen $y = x^2$ und erhalten das Polynom $g(y) = y^2 + a_2 y + a_0$. Dieses ist vom Grad 2

مثال 1.9   1. $f(x) = x^2 + x - 6$، أي أنّه $p = 1$ و $q = -6$. قانون p–q يعطي:

$$x_{1,2} = -\frac{1}{2} \pm \sqrt{\frac{1}{4} + 6} = -\frac{1}{2} \pm \sqrt{\frac{25}{4}}$$

لكون $25/4 > 0$، نحصل على الجذرين:

$$x_1 = -\frac{1}{2} + \frac{5}{2} = 2, \qquad x_2 = -\frac{1}{2} - \frac{5}{2} = -3.$$

بالتعويض يمكننا التأكّد من أنّ هاتان النقطتان هما بالفعل جذرين للدالة:

$$f(2) = 2^2 + 2 - 6 = 4 + 2 - 6 = 0, \quad f(-3) = (-3)^2 - 3 - 6 = 9 - 3 - 6 = 0$$

2. $f(x) = x^2 + 2x + 2$، أي أنّه $p = 2$ و $q = 2$. بالتالي:

$$\frac{p^2}{4} - q = 1 - 2 = -1 < 0.$$

لذلك ليس للدالة f أي جذور حقيقية.

ملاحظة 1.10 إلى جانب قانون p–q يمكننا أيضاً مع كثيرات الحدود من الدرجة 2 (ليس من الضروري أن تكون مونيك)، استخدام "الصيغة التربيعيّة":
لتكن $f(x) = ax^2 + bx + c$، نقوم بتعيين $\Delta = b^2 - 4ac$، فنحصل على كلا الجذرين عن طريق:

$$x_{1,2} = \frac{-b \pm \sqrt{\Delta}}{2a}.$$

كلتا الصيغتين (التربيعيّة و p–q) متكافئتين تماماً لأجل ($a = 1$)، ويمكن عندها استخدام أيّ واحدة منهما.

هكذا نكون قد انتهينا من دراسة كثيرات الحدود من الدرجة 2، أمّا من أجل كثيرات الحدود من الدرجة 3 و 4 فهنالك أيضاً قوانين وصيغ مشابهة لقانون p–q. غير أنّ هذه الصيغ أكثر تعقيداً، وليس من العمليّ حفظها. بدلاً من ذلك سنقوم بتعلّم بعض الأساليب التي ستمكننا في أغلب الحالات من إيجاد جذور كثيرات الحدود هذه.

1.4 حالة خاصة لكثيرات الحدود من الدرجة 4

سنبدأ مع حالة خاصة للدرجة 4، فيها يمكننا بسهولة تخفيض الدرجة إلى الدرجة 2. ليكن لدينا كثيرة حدود من الدرجة 4 معطاة بالشكل الخاص التالي:

$$f(x) = x^4 + a_2 x^2 + a_0,$$

f لا تحتوي على أي من الحدّين x^3 أو x، يمكننا بالتالي القيام بعملية الإستعاضة التالية:
نقوم بتعيين $y = x^2$ فنحصل على $g(y) = y^2 + a_2 y + a_0$. هذه الدالة من الدرجة 2

und mit den Techniken aus Abschnitt 1.3 können wir (falls vorhanden) Nullstellen $y_{1,2}$ des Polynoms bestimmen. Setzen wir nun (wenn möglich) $x_{1,2} = \pm\sqrt{y_1}$ und $x_{3,4} = \pm\sqrt{y_2}$, so erhalten wir vier Nullstellen von $f(x)$.

Ähnliches lässt sich natürlich auch für Polynome ähnlicher Form vom Grad 6 oder 8 etc. durchführen.

Beispiel 1.11 1. Betrachten wir das Polynom $f(x) = x^4 - 5x^2 + 6$, so hat es die gewünschte spezielle Form und wir können es durch die Substitution $x^2 = y$ in das Polynom $g(y) = y^2 - 5y + 6$ überführen. Die p-q-Formel liefert die beiden Nullstellen 2 und 3 von g. Damit hat dann f die vier Nullstellen $\pm\sqrt{2}, \pm\sqrt{3}$.

2. Für das Polynom $f(x) = x^4 - 8x^2 + 16$ betrachten wir nach der Substitution $y = x^2$ das Polynom $g(y) = y^2 - 8y + 16$, von dem wir (wiederum durch Anwendung der p-q-Formel) die Nullstellen ± 4 berechnen. Da wir aus -4 keine Wurzel ziehen können, hat also auch f nur die zwei reellen Nullstellen $\pm\sqrt{4} = \pm 2$.

1.5 Polynome vom Grad 3 und die Polynomdivision

Sei nun $f(x) = x^3 + a_2 x^2 + a_1 x + a_0$ ein Polynom vom Grad 3. Hier lässt sich unsere Vorgehensweise am besten an einem Beispiel vorführen. Wir betrachten dafür das Polynom

$$f(x) = x^3 + 4x^2 - 51x - 54.$$

Gerade bei Polynomen, deren Koeffizienten ganze Zahlen sind (also 0,1,2,3, etc. anstatt $\frac{1}{2}, 2.14\ldots$), lohnt es sich zunächst, verschiedene kleine Zahlen einzusetzen und zu schauen, ob 0 rauskommt. Wir *raten* also eine Nullstelle. Versuchen wir bei dem gegebenen Polynom die Zahlen $0, \pm 1, \pm 2$, so sehen wir, dass $x_1 = -1$ eine Nullstelle von f ist, denn $f(-1) = -1 + 4 + 51 - 54 = 0$. Wie sehen aber weitere Nullstellen von f aus? Hat f überhaupt weitere Nullstellen? Um das herauszufinden, ist die *Polynomdivision* ein gutes Hilfsmittel. Diese ermöglicht uns, die Nullstelle -1 rauszuteilen und ein Polynom vom Grad 2 zu erhalten, dessen Nullstellen wir wie in Abschnitt 1.3 bestimmen können. Wir suchen ein Polynom $g(x)$, sodass $f(x) = (x+1)g(x)$ gilt. Hier taucht der Faktor $(x+1)$ auf, da -1 eine bekannte Nullstelle von f ist und ebenso eine Nullstelle von $(x+1)$. Dafür gehen wir Schritt für Schritt durch die Polynomdivision:

- Zunächst schreiben wir das Polynom und seine Nullstelle, durch die wir teilen wollen, nebeneinander:

$$\left(\quad x^3 + 4x^2 - 51x - 54 \right) \div (x+1) =$$

- Nun dividieren wir den größten Exponenten links durch den Exponenten des zweiten Polynoms, also $x^3 \div x = x^2$:

$$\left(\quad x^3 + 4x^2 - 51x - 54 \right) \div (x+1) = x^2$$

ويمكننا حساب جذريها $y_{1,2}$ (إن وجدا) وفقاً للمقطع 1.3. نقوم الآن (إذا أمكن) بتعيين $x_{1,2} = \pm\sqrt{y_1}$ و $x_{3,4} = \pm\sqrt{y_2}$، فنحصل على الجذور الأربع للدالة $f(x)$.

بشكل مشابه يمكننا الحصول على جذور كثيرات الحدود من الدرجات (الزوجيّة) ...،8،6.

مثال 1.11   1. لنتأمّل كثيرة الحدود $f(x) = x^4 - 5x^2 + 6$، نلاحظ أن لها الشكل الخاص المرجو، وبالتالي يمكننا بتعويض $y = x^2$ كتابتها على الشكل $g(y) = y^2 - 5y + 6$. قانون p-q يعطينا الجذرين 2 و 3 للدالة g. بهذا يكون للدالة f الجذور الأربع $\pm\sqrt{2}$، $\pm\sqrt{3}$.

2. من أجل كثيرة الحدود $f(x) = x^4 - 8x^2 + 16$ نحصل بتعويض $y = x^2$ على الدالة $g(y) = y^2 - 8y + 16$، بعد حساب جذور الدالة g (باستخدام قانون p-q) نحصل على الجذرين 4±. بسبب عدم إمكانية الحصول على الجذر التربيعي للعدد 4−، يكون للدالة f فقط الجذرين $\pm\sqrt{4} = \pm2$.

1.5 كثيرات الحدود من الدرجة 3 وقسمة كثيرات الحدود

لتكن $f(x) = x^3 + a_2x^2 + a_1x + a_0$ كثيرة حدود من الدرجة 3. هنا من الأفضل أن نقوم بشرح طريقة إيجاد الجذور بالاستعانة بمثال. ليكن لدينا كثيرة الحدود التالية:

$$f(x) = x^3 + 4x^2 - 51x - 54.$$

يجدر بنا أولاً، خصوصاً مع كثيرات الحدود التي معاملاتها (أمثال x) أعداد صحيحة (2,1,0...بدلاً من $\frac{1}{2},2.14$ ...)، تعويض أرقام صغيرة مختلفة، وملاحظة إذا ما كان ناتج التعويض 0 أم لا. أي أننا سنقوم بتخمين جذر للدالة. نقوم بتجريب الأرقام $0 \pm 1 \pm 2$، مع الدالة المعطاة أعلاه، فنجد أن الرقم 1− جذر للدالة f، لأنّ

$$f(-1) = -1 + 4 + 51 - 54 = 0$$

ولكن ما هي الجذور الأخرى للدالة f؟ هل هنالك جذور أخرى أساساً؟ لمعرفة كلّ هذا من المفيد القيام بعمليّة "قسمة كثيرات الحدود". هذه الطريقة تمكننا من القسمة على الجذر 1−، والحصول بالتالي على كثيرة حدود من الدرجة 2، التي يمكننا حساب جذورها بسهولة كما في 1.3. سنقوم بالبحث عن كثيرة حدود $g(x)$، بحيث تكون $f(x) = (x+1)g(x)$، هنا كتبنا العامل $(x+1)$ لأنّ 1− جذر معروف للدالة f وللعامل $(x+1)$ كذلك. نبدأ الآن بعملية قسمة كثيرات الحدود خطوةً خطوة:

- أولاً نكتب كثيرة الحدود والعامل الذي يشترك معها بالجذر الذي وجدناه، والذي نريد القسمة عليه، جنباً إلى جنب:

$$\left(\quad x^3 + 4x^2 - 51x - 54 \right) \div (x+1) =$$

- الآن نقوم بقسمة الأس الأكبر من الجهة اليسرى على الأس الموجود في كثيرة الحدود اليمنى، أي $x^3 \div x = x^2$:

$$\left(\quad x^3 + 4x^2 - 51x - 54 \right) \div (x+1) = x^2$$

- Als nächstes multiplizieren wir diesen neuen Term x^2 auf der rechten Seite mit $(x+1)$ und ziehen das Ergebnis $x^3 + x^2$ vom Polynom ab:

$$
\begin{array}{rl}
(\quad x^3 + 4x^2 - 51x - 54) \div (x+1) = x^2 \\
\underline{-x^3 \ -x^2} \\
3x^2 - 51x
\end{array}
$$

- Dieses Vorgehen wiederholen wir nun für das kürzere Polynom $3x^2 - 51x - 54$: Erst den größten Exponenten $3x^2$ durch x dividieren

$$
\begin{array}{rl}
(\quad x^3 + 4x^2 - 51x - 54) \div (x+1) = x^2 + 3x \qquad , \\
\underline{-x^3 \ -x^2} \\
3x^2 - 51x
\end{array}
$$

dann das Ergebnis $3x$ mit $(x+1)$ multiplizieren und wieder abziehen.

$$
\begin{array}{rl}
(\quad x^3 + 4x^2 - 51x - 54) \div (x+1) = x^2 + 3x \\
\underline{-x^3 \ -x^2} \\
3x^2 - 51x \\
\underline{-3x^2 \ -3x} \\
-54x - 54
\end{array}
$$

- Nun das ganze ein letztes Mal und wir erreichen auf der linken Seite die 0.

$$
\begin{array}{rl}
(\quad x^3 + 4x^2 - 51x - 54) \div (x+1) = x^2 + 3x - 54 \\
\underline{-x^3 \ -x^2} \\
3x^2 - 51x \\
\underline{-3x^2 \ -3x} \\
-54x - 54 \\
\underline{54x + 54} \\
0
\end{array}
$$

Nun steht unser gewünschtes Polynom $g(x)$ auf der rechten Seite, das heißt $g(x) = x^2 + 3x - 54$ und wir erhalten $f(x) = (x+1)(x^2 + 3x - 54)$. Probe:

$$(x+1)(x^2 + 3x - 54) = x^3 + 3x^2 - 54x + x^2 + 3x - 54 = x^3 + 4x^2 - 51x - 54 = f(x).$$

Die fehlenden Nullstellen von f sind nun genau die Nullstellen von g, hier können wir also einfach die p-q-Formel anwenden und erhalten die restlichen Nullstellen $x_2 = 6$ und $x_3 = -9$. Insgesamt hat $f(x) = x^3 + 4x^2 - 51x - 54$ also die Nullstellen $x_1 = -1, x_2 = 6$ und $x_3 = -9$.

Wenn wir also bereits Nullstellen eines Polynoms kennen, können wir mit der Polynomdivison ein zweites Polynom erhalten, das die restlichen Nullstellen hat und kleineren Grad hat. Führen wir dies weiter, führt uns dies zu einer besonders einfachen Darstellung von Polynomen.

- بعدها نقوم بضرب ناتج القسمة السابق x^2 مع $(x+1)$ ونطرح الناتج $x^3 + x^2$ من كثيرة الحدود:

$$
\begin{array}{r}
\left(\quad x^3 + 4x^2 - 51x - 54\right) \div (x+1) = x^2 \\
\underline{-x^3 - x^2\qquad\qquad\qquad\qquad} \\
3x^2 - 51x\qquad\qquad
\end{array}
$$

- نقوم بتكرار العملية ولكن هذه المرّة مع كثيرة الحدود الناتجة من الخطوة السابقة $3x^2 - 51x - 54$: أولاً نقسم الأس الأكبر $3x^2$ على x

$$
\begin{array}{r}
\left(\quad x^3 + 4x^2 - 51x - 54\right) \div (x+1) = x^2 + 3x \qquad , \\
\underline{-x^3 - x^2\qquad\qquad\qquad\qquad} \\
3x^2 - 51x\qquad\qquad
\end{array}
$$

بعدها نضرب النتيجة $3x$ مع $(x+1)$، ونطرح مرّةً ثانية:

$$
\begin{array}{r}
\left(\quad x^3 + 4x^2 - 51x - 54\right) \div (x+1) = x^2 + 3x \\
\underline{-x^3 - x^2\qquad\qquad\qquad\qquad} \\
3x^2 - 51x\qquad\qquad \\
\underline{-3x^2 - 3x\qquad\qquad} \\
-54x - 54
\end{array}
$$

- الآن نقوم بتكرار العملية من البداية مرّةً أخيرة، فنحصل في الجهة اليسرى على 0:

$$
\begin{array}{r}
\left(\quad x^3 + 4x^2 - 51x - 54\right) \div (x+1) = x^2 + 3x - 54 \\
\underline{-x^3 - x^2\qquad\qquad\qquad\qquad} \\
3x^2 - 51x\qquad\qquad \\
\underline{-3x^2 - 3x\qquad\qquad} \\
-54x - 54 \\
\underline{54x + 54} \\
0
\end{array}
$$

نهايةً نحصل على كثيرة الحدود المطلوبة $g(x)$ على الجهة اليمنى.
أي $g(x) = x^2 + 3x - 54$ و $f(x) = (x+1)(x^2 + 3x - 54)$. للتأكّد:

$$(x+1)(x^2 + 3x - 54) = x^3 + 3x^2 - 54x + x^2 + 3x - 54 = x^3 + 4x^2 - 51x - 54 = f(x).$$

الجذور المتبقيّة للدالة f هي نفسها جذور الدالة g، وللحصول عليها نقوم بتطبيق قانون p-q فنحصل على $x_2 = 6$ و $x_3 = -9$. أي أنّه إجمالاً تملك الدالة $f(x) = x^3 + 4x^2 - 51x - 54$ الجذور $x_1 = -1, x_2 = 6$ و $x_3 = -9$.

هذا يعني أنّه عند معرفة أحد الجذور لكثيرة حدود ما، نستطيع الحصول عبر قسمة كثيرات الحدود على كثيرة حدود أخرى، من درجة أقل، ولها الجذور المتبقية. إذا واصلنا تكرار العمليّة نصل إلى تمثيل مميّز وبسيط لكثيرات الحدود.

Bemerkung 1.12 Die Polynomdivision kann auch für Polynome höheren Grades durchgeführt werden, sofern wir bereits eine Nullstelle kennen. Zum Beispiel können wir bei $h(x) = x^4 + 3x^3 - 55x^2 - 3x + 54$ die Nullstelle $x_1 = 1$ raten und erhalten $h(x) = (x-1)(x^3 + 4x^2 - 51x - 54) = (x-1)f(x)$ nach der Polynomdivision. Mit $f(x)$ verfahren wir dann wie oben beschrieben und erhalten schließlich die Nullstellen $x_1 = 1, x_2 = -1, x_3 = 6$ und $x_4 = -9$ für h.

1.6 Faktorisierung von Polynomen

Wenn wir zu einem gegebenen Polynom alle Nullstellen kennen, so können wir oftmals eine sehr einfache Form der Polynome angeben.

Satz 1.13 *Es sei $f(x)$ ein Polynom vom Grad n und $a_1, \ldots, a_k$ alle reellen Nullstellen von f. Dann lässt sich f schreiben als*

$$f(x) = (x - a_1)(x - a_2) \cdots (x - a_k)g(x),$$

hier ist g ein Polynom vom Grad $n - k$ und hat keine reellen Nullstellen. Ist insbesondere $n = k$, das heißt, hat f genau n reelle Nullstellen, so lässt sich f schreiben als

$$f(x) = (x - a_1)(x - a_2) \cdots (x - a_n).$$

Dies nennt man auch die Faktorisierung *von f oder die* Zerlegung *von f in* Linearfaktoren.

In diesen Zerlegungen kann es durchaus vorkommen, dass einige der a_i gleich sind, das heißt, dass also einige Nullstellen mehrfach vorkommen. In diesem Fall spricht man von Nullstellen mit *Vielfachheit d*, hierbei ist d die Häufigkeit der Nullstelle in der Faktorisierung von f.

Beispiel 1.14 Mit $f(x) = x^3 + 4x^2 - 51x - 54$ erhalten wir die Faktorisierung (siehe voriger Abschnitt):

$$x^3 + 4x^2 - 51x - 54 = (x+1)(x+9)(x-6)$$

Beispiel 1.15 Das Polynom $g(x) = x^3 - 3x^2 + 3x - 1$ hat die Faktorisierung

$$g(x) = (x-1)(x-1)(x-1),$$

das Polynom g hat also lediglich die Nullstelle 1, allerdings mit Vielfachheit 3.

Bemerkung 1.16 Ein Polynom vom Grad n hat immer maximal n verschiedene reelle Nullstellen. Suchen wir die Nullstellen dagegen in den komplexen Zahlen $\mathbb{C}$, so hat ein Polynom n-ten Grades immer genau n Nullstellen (die nicht alle verschieden sein müssen, das heißt, manche Nullstellen können mit Vielfachheit auftreten). Jedes Polynom vom Grad n zerfällt also vollständig in n Linearfaktoren

$$f(x) = (x - a_1)(x - a_2) \cdots (x - a_n).$$

ملاحظة 1.12 يمكن تطبيق عملية قسمة كثيرات الحدود على كثيرات حدود ذوات درجات أعلى، بشرط المعرفة المسبقة لجذرٍ ما.

نستطيع مثلاً تخمين الجذر $x_1 = 1$ للدالة $h(x) = x^4 + 3x^3 - 55x^2 - 3x + 54$، فنحصل على $h(x) = (x-1)(x^3 + 4x^2 - 51x - 54) = (x-1)f(x)$ بعد القيام بعمليّة القسمة. نجري بعدها مرّة أخرى عملية قسمة كثيرات الحدود (كما في الأعلى) على $f(x)$، فنحصل نهايةً على الجذور $x_1 = 1, x_2 = -1, x_3 = 6$ و $x_4 = -9$ للدالة h.

1.6 تحليل كثيرات الحدود

إذا عرفنا كلّ الجذور لكثيرة حدود ما مع تعدديّة كلّ منها، يمكننا في كثير من الأحيان كتابة كثيرة الحدود هذه بشكلٍ مبسّط.

نظرية 1.13 لتكن $f(x)$ كثيرة حدود من الدرجة n و $a_1, \ldots a_k$ كلّ جذورها، عندها يمكننا كتابة f على الشكل التالي:

$$f(x) = (x-a_1)(x-a_2)\cdots(x-a_k)g(x),$$

هنا تكون g كثيرة حدود من الدرجة $n-k$ وليس لها أي جذور. إذا كانت $n=k$، يكون عندها للدالة f تماماً n جذر ويمكن كتابتها على الشكل:

$$f(x) = (x-a_1)(x-a_2)\cdots(x-a_n).$$

ندعو هذا "تحليل" f إلى عوامل خطيّة، أو "تجزئة" f إلى عوامل خطيّة.

عند القيام بعملية التجزئة قد يحصل أن يتكرر ظهور جذر ما n مرّات (أي أن يكون لعدّة a_i نفس القيمة)، نقول في هذه الحالة أن لهذا الجذر "التعددية" n. إذاً نعني بالتعددية عدد مرّات ظهور هذا الجذر عند تجزئة f.

مثال 1.14 بتحليل $f(x) = x^3 + 4x^2 - 51x - 54$ نحصل على (انظر المقطع السابق):

$$x^3 + 4x^2 - 51x - 54 = (x+1)(x+9)(x-6)$$

مثال 1.15 كثيرة الحدود $g(x) = x^3 - 3x^2 + 3x - 1$ لها العوامل:

$$g(x) = (x-1)(x-1)(x-1),$$

أي أن للدالة g الجذر الوحيد 1 ولكن له التعددية 3.

ملاحظة 1.16 تملك كثيرة حدودٍ من الدرجة n، n جذر كحدّ أقصى. من ناحيةٍ أخرى إذا أخذنا بعين الاعتبار الأعداد العقدية $\mathbb{C}$، فستملك كلّ كثيرة حدود من الدرجة n، تماماً n جذر (التي ليست بالضرورة مختلفة، أي بعضها يمكن أن يمتلك تعدديّة أكبر من 1). أي كثيرة حدود من الدرجة n يمكن تجزئتها إذاً إلى n عامل خطّي

$$f(x) = (x-a_1)(x-a_2)\cdots(x-a_n).$$

Hierbei sind aber die Nullstellen $a_1, \ldots, a_n$ möglicherweise in $\mathbb{C}$ und nicht in $\mathbb{R}$. Dieser Fakt wird durch den *Fundamentalsatz der Algebra* beschrieben. Siehe auch Bemerkung 1.4

Bemerkung 1.17 Die Faktorisierung von Polynomen führt uns zu der Möglichkeit, in manchen Fällen die Nullstellen eines quadratischen Polynoms zu bestimmen ohne die p-q-Formel oder die Mitternachtsformel verwenden zu müssen. Ist nämlich $f(x)$ ein normiertes Polynom zweiten Grades so existieren $b, c \in \mathbb{R}$, sodass wir $f(x)$ schreiben können als

$$f(x) = x^2 + bx + c.$$

Andererseits, wenn $f(x)$ zwei reelle Nullstellen $a_{1,2}$ hat, können wir die Faktorisierung von $f(x)$ ausmultiplizieren und erhalten

$$f(x) = (x - a_1)(x - a_2) = (x^2 - (a_1 + a_2)x + a_1 a_2).$$

Durch Vergleich der beiden Darstellungen sehen wir $b = -(a_1 + a_2)$ und $c = a_1 a_2$. Diese Tatsache wird auch der *Satz von Vieta* genannt. Insbesondere wenn man vermutet, dass die Nullstellen ganze Zahlen sind, kann man also die Teiler von c untersuchen und überprüfen, ob zwei Teiler in der Summe $-b$ ergeben. Dann müssen diese beiden Zahlen die Nullstellen von $f(x)$ sein. Dies lässt sich auch auf beliebigen Grad verallgemeinern, dort wird die Berechnung der Nullstellen allerdings sehr viel schwieriger.

1.7 Aufgaben

Aufgabe 1.1 Finden Sie die Nullstellen der folgenden Funktionen und geben Sie (falls möglich) ihre Faktorisierung an:

1. $x^2 + 9x + 14$
2. $2x^2 + 3x - 2$
3. $x^2 - 10x + 25$
4. $x^2 - 2x + 2$

5. $x^3 + x^2 + x$
6. $4x^3 + 8x^2 - x - 2$
7. $x^4 - 5x^2 + 4$
8. $2x^5 - 34x^3 + 32x$

Aufgabe 1.2 Geben Sie zwei verschiedene Polynome vom Grad 3 an, die die Nullstellen 1 und $\sqrt{2}$ haben. Hierbei soll die Nullstelle $\sqrt{2}$ von der Vielfachheit 2 sein.

ولكن من المحتمل أن تكون عندها الجذور $a_1,\ldots,a_n$ عقديّة وليست حقيقيّة. يتمّ وصف هذه الحقيقة من خلال المبرهنة الأساسيّة في الجبر (انظر الملاحظة 1.4).

ملاحظة 1.17 تجزئة كثيرات الحدود تمكّننا في بعض الحالات من إيجاد الجذور لكثيرة حدود من الدرجة 2 من دون استخدام قانون p-q أو الصيغة التربيعيّة. لتكن $f(x)$ كثيرة حدود مونيك من الدرجة 2، عندها يوجد $b,c \in \mathbb{R}$، بحيث أننا نستطيع كتابة $f(x)$ على الشكل:

$$f(x) = x^2 + bx + c.$$

من الناحية الأخرى، عندما تملك $f(x)$ جذرين حقيقيين $a_{1,2}$، نستطيع توزيع عوامل $f(x)$ بحيث نحصل على:

$$f(x) = (x - a_1)(x - a_2) = (x^2 - (a_1 + a_2)x + a_1 a_2).$$

بمقارنة كلا العبارتين، نجد أنّ $b = -(a_1 + a_2)$ و $c = a_1 a_2$.

نطلق على هذه الخاصيّة أيضاً نظريّة فيتا (eng. Vieta's formulas). في حالة معرفة أنّ الجذور أعداد صحيحة، يمكننا حينها البحث في قواسم العدد c والتحقّق من وجود قاسمين حصيلة جمعهما تساوي $-b$، عندها يجب أن يكون هذان العددان جذرا الدالة $f(x)$. يمكن تعميم هذه الطريقة على جميع كثيرات الحدود من أيّ درجة، ولكن عندها يصبح طبعاً حساب الجذور أكثر صعوبة.

1.7 التمارين

تمرين 1.1 أوجد جذور الدوال التالية، واكتبها (إذا أمكن) على شكل جداء عوامل خطيّة:

<table>
<tr><td>5. $x^3 + x^2 + x$</td><td>1. $x^2 + 9x + 14$</td></tr>
<tr><td>6. $4x^3 + 8x^2 - x - 2$</td><td>2. $2x^2 + 3x - 2$</td></tr>
<tr><td>7. $x^4 - 5x^2 + 4$</td><td>3. $x^2 - 10x + 25$</td></tr>
<tr><td>8. $2x^5 - 34x^3 + 32x$</td><td>4. $x^2 - 2x + 2$</td></tr>
</table>

تمرين 1.2 أوجد كثيرتي حدود مختلفتين من الدرجة 3، بحيث تملك كلّ منهما الجذور 1 و $\sqrt{2}$. هنا يجب أن يملك الجذر $\sqrt{2}$ التعدديّة 2.

2 Lineare Gleichungssysteme

Zusammenfassung Lineare Gleichungssysteme haben eine hohe Bedeutung in der Mathematik und ihren Anwendungen. Viele Modelle basieren auf linearen Gleichungen und auch nicht-lineare Abhängigkeiten können oftmals linearisiert werden, um so Rechenaufwand zu verringern. In diesem Kapitel wollen wir uns daher mit den linearen Gleichungssystemen beschäftigen. Diese beinhalten im Gegensatz zu den von uns betrachteten Polynomen mehrere Variablen und Gleichungen. Zunächst wollen wir eine kompakte Schreibweise für lineare Gleichungssysteme einführen, die *Matrix*. Dann werden wir den *Gauß-Algorithmus* einführen, der immer die eindeutige Lösung eines linearen Gleichungssystems liefert, wenn eine existiert. Schließlich führen wir die *Determinante* eines linearen Gleichungssystems ein, die eine Aussage über die eindeutige Lösbarkeit eines Gleichungssystems trifft.

2.1 Lineare Gleichungssysteme und Matrizen

Definition 2.1 Ein System der Form

$$
\begin{aligned}
a_{11}x_1 + a_{12}x_2 + \cdots + a_{1n}x_n &= b_1 \\
a_{21}x_1 + a_{22}x_2 + \cdots + a_{2n}x_n &= b_2 \\
&\ \ \vdots \\
a_{m1}x_1 + a_{m2}x_2 + \cdots + a_{mn}x_n &= b_m
\end{aligned}
$$

mit $a_{ij}, b_i \in \mathbb{R}$ gegeben und $x_j \in \mathbb{R}$ gesucht, heißt *Lineares Gleichungssystem mit n Unbekannten* oder kurz *LGS*. Zahlen, die in x_i eingesetzt alle Gleichungen gleichzeitig lösen, heißen eine *Lösung* des Gleichungssystems.

© Springer-Verlag GmbH Deutschland, ein Teil von Springer Nature 2018
M. Weber, *Basiswissen Mathematik auf Arabisch und Deutsch –*
أساسيات في الرياضيات باللغتين العربية والألمانية, https://doi.org/10.1007/978-3-662-58071-4_2

2 أنظمة المعادلات الخطية

ملخص أنظمة المعادلات الخطية ذات أهميّة كبيرة في الرياضيات وتطبيقاتها، حيث تعتمد الكثير من النماذج عليها، حتى أنّه يمكن في كثير من الأحيان جعل بعض التبعيّات الغير خطيّة، خطيّة، لتسهيل عملية الحساب. تحتوي هذه الأنظمة على النقيض من كثيرات الحدود التي درسناها على عدّة معادلات ومتحوّلات. أولاً سنستعرض طريقة عرضٍ مُدمَجة لهذه الأنظمة، ألا وهي المصفوفة. بعدها سنتعرّف على "خوارزميّة غاوس"، والتي تمدّنا بالحل الواضح لنظام ما (إن وجد له حل). أخيراً سنعرّف "المحدّد" لنظام معادلاتٍ خطّي، والذي يحمل معلومات عن قابليّة حل هذا النظام.

2.1 أنظمة المعادلات الخطيّة والمصفوفات

تعريف 2.1 النظام من الشكل

$$a_{11}x_1 + a_{12}x_2 + \cdots + a_{1n}x_n = b_1$$
$$a_{21}x_1 + a_{22}x_2 + \cdots + a_{2n}x_n = b_2$$
$$\vdots$$
$$a_{m1}x_1 + a_{m2}x_2 + \cdots + a_{mn}x_n = b_m$$

حيث $a_{ij}, b_i \in \mathbb{R}$ والمجهول $x_j \in \mathbb{R}$، يدعى "نظام معادلات خطيّة" ذو n مجهول، ومجموعة الأرقام التي تحقّق المعادلات (تحلّها)، عند تعويضها بدلاً من x_i هي حل لهذا النظام.

Beispiel 2.2 Das Gleichungssystem

$$0x_1 - 2x_2 - 1x_3 = 5$$
$$-1x_1 + 1x_2 + 1x_3 = 0$$
$$5x_1 + 1x_2 + 4x_3 = 3$$

hat die eindeutige Lösung $x_1 = -1, x_2 = -4, x_3 = 3$.

Es soll nun um die Lösung von solchen Gleichungssystemen gehen. Dafür konzentrieren wir uns auf den Fall $m = n = 3$, das heißt, wir schauen uns Gleichungssysteme an, die aus drei Gleichungen bestehen und drei Unbekannte x_1, x_2 und x_3 beinhalten. Dafür werden wir uns den sogenannten *Gauß-Algorithmus* ansehen, der uns für ein lösbares System stets auf direktem Wege die Lösung liefert. Wir vereinfachen zunächst die Schreibweise des Gleichungssystems. Statt immer alle Variablen und Symbole hinzuschreiben, konzentrieren wir uns auf die Werte innerhalb des Systems und schreiben diese in eine *Matrix*. Eine Matrix ist zunächst lediglich eine übersichtliche Art und Weise, Zeilen und Spalten von Zahlen darzustellen. Das Gleichungssystem aus dem obigen Beispiel transformieren wir in die Matrix

$$\begin{pmatrix} 0 & -2 & -1 & | & 5 \\ -1 & 1 & 1 & | & 0 \\ 5 & 1 & 4 & | & 3 \end{pmatrix}.$$

Wir schreiben dabei die Werte der b_i etwas abgesetzt rechts in die Matrix. Dies liefert uns eine kompaktere Schreibweise des lineare Gleichungssystems, mit der wir Umformungen schnell und einfach darstellen können.

2.2 Elementare Zeilen- und Spaltenumformungen

Wir wollen nun ein LGS in Matrixform umformen, um schließlich dessen Lösung zu erhalten. Wir betrachten das Beispiel aus Abschnitt 2.1. Wir haben drei mögliche Arten von Umformungen zur Verfügung, die die Lösung des Systems nicht verändern:

- Wir können zwei Zeilen der Matrix vertauschen. Dies entspricht einfach nur dem Vertauschen von zwei Gleichungen im System und wird vor allem für die Übersichtlichkeit getan. Wir schreiben das mit zwei Pfeilen an der Seite. Im Beispiel vertauschen wir die zweite und dritte Zeile:

$$\begin{pmatrix} 0 & -2 & -1 & | & 5 \\ -1 & 1 & 1 & | & 0 \\ 5 & 1 & 4 & | & 3 \end{pmatrix} \quad \Rightarrow \quad \begin{pmatrix} 0 & -2 & -1 & | & 5 \\ 5 & 1 & 4 & | & 3 \\ -1 & 1 & 1 & | & 0 \end{pmatrix}$$

- Wir können eine Zeile mit einer reellen Zahl $\neq 0$ multiplizieren oder durch sie dividieren. Dies entspricht einer Multiplikation einer Gleichung mit der Zahl. Dafür schreiben wir die Zahl mit der wir multiplizieren rechts neben die Zeile. Als Beispiel multiplizieren wir die erste Zeile mit 5:

مثال 2.2 نظام المعادلات

$$0x_1 - 2x_2 - 1x_3 = 5$$
$$-1x_1 + 1x_2 + 1x_3 = 0$$
$$5x_1 + 1x_2 + 4x_3 = 3$$

له الحل الواضح $x_1 = -1, x_2 = -4, x_3 = 3$.

دعونا الآن نتعرّف على طريقة حل هذا النوع من الأنظمة. سنقوم بالتركيز على الحالة $m = n = 3$ أي على الأنظمة التي تتكون من ثلاثة معادلات وثلاثة مجاهيل x_1, x_2 و x_3. لأجله سنتعلّم خوارزمية غاوس (engl. Gaussian algorithm) التي تستطيع دائماً أن تقدّم لنا حل أي نظام معادلات خطي (قابل للحل) بصورة مباشرة. سنقوم أولاً بتبسيط طريقة كتابة أنظمة المعادلات الخطيّة، بدلاً من كتابة جميع المجاهيل والرموز كل مرة، سنركز على القيم الموجودة في هذه الأنظمة ونقوم بكتابتها في "مصفوفة". المصفوفة في بادئ الأمر هي مجرد طريقة عرض واضحة لأسطر وأعمدة من الأرقام. فيما يلي سنرى طريقة تحويل نظام المعادلات في المثال الأعلى إلى مصفوفة:

$$\begin{pmatrix} 0 & -2 & -1 & | & 5 \\ -1 & 1 & 1 & | & 0 \\ 5 & 1 & 4 & | & 3 \end{pmatrix}.$$

نقوم بكتابة القيم التي تمثّلها b_i أبعد قليلاً على الناحية اليمنى للمصفوفة. نحصل بذلك على هيئةٍ مُدمَجة لنظام المعادلات الخطّي، يسهل من خلالها تطبيق التحويلات على المعادلات بسرعةٍ وسهولة.

2.2 تحويلات الأسطر الأساسيّة

نريد الآن تحويل المصفوفة الممثّلة لنظام المعادلات، حتى الوصول إلى حلّه. لنتأمّل المثال في المقطع 2.1. يوجد ثلاثة أنواعٍ من التحويلات الممكن القيام بها، والتي لا تغيّر ناتج حلّ النظام:

• يمكننا التبديل بين أي سطرين من أسطر المصفوفة، حيث أننا عندها نكون نبدّل بين معادلتين في النظام. نجري هذا التحويل بشكل رئيسي لجعل المصفوفة أوضح. نرمز لعملية التحويل بسهم ذو رأسين على الجانب. هنا نقوم بالتبديل بين السطرين الثاني والثالث:

$$\begin{pmatrix} 0 & -2 & -1 & | & 5 \\ -1 & 1 & 1 & | & 0 \\ 5 & 1 & 4 & | & 3 \end{pmatrix} \hookleftarrow \Rightarrow \begin{pmatrix} 0 & -2 & -1 & | & 5 \\ 5 & 1 & 4 & | & 3 \\ -1 & 1 & 1 & | & 0 \end{pmatrix}$$

• يمكننا القيام بضرب أي سطر برقم حقيقي $0 \neq$ أو قسمته على هذا الرقم، حيث أننا عندها نكون نضرب أو نقسم معادلة من معادلات النظام مع هذا الرقم. نمثّل هذه العملية بكتابة الرقم الذي نريد الضرب به إلى يمين المعادلة التي سيضرب بها. هنا نقوم بضرب السطر الأول بالرقم 5:

$$\begin{pmatrix} 0 & -2 & -1 & | & 5 \\ -1 & 1 & 1 & | & 0 \\ 5 & 1 & 4 & | & 3 \end{pmatrix} \; | \cdot 5 \quad \Rightarrow \quad \begin{pmatrix} 0 & -10 & -5 & | & 25 \\ -1 & 1 & 1 & | & 0 \\ 5 & 1 & 4 & | & 3 \end{pmatrix}$$

- Wir können das Vielfache einer Zeile zu einer anderen Zeile oder Spalte dazu addieren oder davon abziehen. Das schreiben wir als einen Pfeil von einer Zeile auf die andere, wobei wir die Zahl mit der wir zunächst multiplizieren, neben die Zeile schreiben. Im Beispiel addieren wir das Dreifache der ersten Zeile auf die dritte:

$$\begin{pmatrix} 0 & -2 & -1 & | & 5 \\ -1 & 1 & 1 & | & 0 \\ 5 & 1 & 4 & | & 3 \end{pmatrix} \; \cdot 3 \quad \Rightarrow \quad \begin{pmatrix} 0 & -2 & -1 & | & 5 \\ -1 & 1 & 1 & | & 0 \\ 5 & -5 & 1 & | & 18 \end{pmatrix}$$

Diese drei Transformationen nennt man auch die *elementaren Zeilen- und Spaltenumformungen*. Sie können beliebig hintereinander angewendet werden, ohne die Lösung des Gleichungssystems zu verändern. Eine rasche Probe überzeugt uns, dass das LGS

$$0x_1 - 2x_2 - 1x_3 = 5$$
$$-1x_1 + 1x_2 + 1x_3 = 0$$
$$5x_1 - 5x_2 + 1x_3 = 18$$

tatsächlich ebenfalls die Lösung $x_1 = -1, x_2 = -4, x_3 = 3$ hat.

2.3 Der Gauß-Algorithmus

Der Gauß-Algorithmus besteht im Grunde aus sechs Schritten, die wir an einem Beispiel hier vorführen wollen. Grundlage sind die elementaren Zeilen- und Spaltenumformungen aus Abschnitt 2.2. Eine allgemeine Behandlung des Algorithmus, auch für beliebig große Gleichungssysteme, werden wir hier nicht behandeln, aber im Allgemeinen läuft der Algorithmus stets sehr ähnlich ab.

- Schritt 1: Wir bringen durch Zeilenvertauschungen in die linke obere Ecke eine Zahl $\neq 0$. Hier tauschen wir also die erste und die zweite Zeile, um die -1 in die obere linke Ecke zu bringen.

$$\begin{pmatrix} 0 & -2 & -1 & | & 5 \\ -1 & 1 & 1 & | & 0 \\ 5 & 1 & 4 & | & 3 \end{pmatrix} \quad \Rightarrow \quad \begin{pmatrix} -1 & 1 & 1 & | & 0 \\ 0 & -2 & -1 & | & 5 \\ 5 & 1 & 4 & | & 3 \end{pmatrix}$$

- Schritt 2: Wir multiplizieren die erste Zeile mit dem Kehrwert der Zahl in der Ecke, um dort eine 1 zu erzeugen. In unserem Beispiel heißt dies also die Multiplikation der ersten Zeile mit -1.

$$\begin{pmatrix} 0 & -2 & -1 & | & 5 \\ -1 & 1 & 1 & | & 0 \\ 5 & 1 & 4 & | & 3 \end{pmatrix} \begin{array}{c} |\cdot 5 \end{array} \Rightarrow \begin{pmatrix} 0 & -10 & -5 & | & 25 \\ -1 & 1 & 1 & | & 0 \\ 5 & 1 & 4 & | & 3 \end{pmatrix}$$

- يمكننا إضافة مضاعفات أي سطر إلى أي سطر آخر أو طرحها من هذا السطر. نمثّل هذه العملية بكتابة الرقم الذي قمنا أولاً بالضرب به كما في الأعلى وسهم ينطلق من السطر المضاعف إلى الآخر. هنا نقوم بإضافة ناتج ضرب السطر الأول بالرقم 3 إلى السطر الثالث:

$$\begin{pmatrix} 0 & -2 & -1 & | & 5 \\ -1 & 1 & 1 & | & 0 \\ 5 & 1 & 4 & | & 3 \end{pmatrix} \begin{array}{c} \cdot 3 \end{array} \Rightarrow \begin{pmatrix} 0 & -2 & -1 & | & 5 \\ -1 & 1 & 1 & | & 0 \\ 5 & -5 & 1 & | & 18 \end{pmatrix}$$

نطلق على هذه الأنواع الثلاثة من التحويلات اسم "تحويلات الأسطر الأساسية". يمكننا تطبيقها بشكل اختياري وتباعاً دون أن نغيّر من ناتج حل نظام المعادلات الخطّي. ببساطة يمكننا ملاحظة أنّ حل النظام التالي:

$$0x_1 - 2x_2 - 1x_3 = 5$$
$$-1x_1 + 1x_2 + 1x_3 = 0$$
$$5x_1 - 5x_2 + 1x_3 = 18$$

هو أيضاً $x_1 = -1, x_2 = -4, x_3 = 3$.

2.3 خوارزمية غاوس

تتألف خوارزمية غاوس من ستّة خطوات، والتي سنستعرضها في مثال. أساس هذه الخوارزمية هي تحويلات الأسطر الأساسيّة من المقطع 2.2. لن نتطرّق إلى التطبيق العام لهذه الخوارزمية بالنسبة لأنظمة المعادلات الكبيرة، ولكن بشكل عام تطبّق هذه الخوارزمية بشكل مشابه دائماً.

- الخطوة الأولى: نقوم باستخدام عملية تبديل الأسطر للحصول على رقم $0 \neq$ في أعلى يسار المصفوفة. هنا نبدّل إذاً السطرين الأوّل والثاني لنحصل بذلك على -1 في أعلى اليسار:

$$\begin{pmatrix} 0 & -2 & -1 & | & 5 \\ -1 & 1 & 1 & | & 0 \\ 5 & 1 & 4 & | & 3 \end{pmatrix} \Rightarrow \begin{pmatrix} -1 & 1 & 1 & | & 0 \\ 0 & -2 & -1 & | & 5 \\ 5 & 1 & 4 & | & 3 \end{pmatrix}$$

- الخطوة الثانية: نقوم بضرب السطر الأول بمقلوب العدد الذي في الزاوية اليسرى، هذه العملية تهدف إلى جعل هذا العدد 1. في مثالنا نقوم إذاً بضرب السطر الأول بالرقم -1.

$$\begin{pmatrix} -1 & 1 & 1 & | & 0 \\ 0 & -2 & -1 & | & 5 \\ 5 & 1 & 4 & | & 3 \end{pmatrix} \ | \cdot -1 \quad \Rightarrow \quad \begin{pmatrix} 1 & -1 & -1 & | & 0 \\ 0 & -2 & -1 & | & 5 \\ 5 & 1 & 4 & | & 3 \end{pmatrix}$$

- Schritt 3: Wir erzeugen 0 an jedem anderen Eintrag der Spalte durch Addieren des passenden Vielfachen der ersten Zeile auf die anderen Zeilen. In dem Beispiel heißt das das Abziehen des fünffachen der ersten Zeile von der dritten, da in der zweiten Zeile bereits eine 0 vorne steht.

$$\begin{pmatrix} 1 & -1 & -1 & | & 0 \\ 0 & -2 & -1 & | & 5 \\ 5 & 1 & 4 & | & 3 \end{pmatrix} \ \overset{\cdot(-5)}{\underset{+}{\rceil}} \quad \Rightarrow \quad \begin{pmatrix} 1 & -1 & -1 & | & 0 \\ 0 & -2 & -1 & | & 5 \\ 0 & 6 & 9 & | & 3 \end{pmatrix}$$

- Schritt 4: Wir wiederholen alle Schritte für die nächste Spalte und lassen dabei die erste Zeile und Spalte außer Acht. In unserem Beispiel müssen wir also die zweite Zeile erst mit $-\frac{1}{2}$ multiplizieren um eine 1 zu erzeugen und dann das sechsfache der zweiten Zeile von der dritten abziehen.

$$\begin{pmatrix} 1 & -1 & -1 & | & 0 \\ 0 & -2 & -1 & | & 5 \\ 0 & 6 & 9 & | & 3 \end{pmatrix} \ | \cdot -\tfrac{1}{2} \ \Rightarrow \ \begin{pmatrix} 1 & -1 & -1 & | & 0 \\ 0 & 1 & \tfrac{1}{2} & | & -\tfrac{5}{2} \\ 0 & 6 & 9 & | & 3 \end{pmatrix} \ \overset{\cdot(-6)}{\underset{+}{\rceil}} \ \Rightarrow \ \begin{pmatrix} 1 & -1 & -1 & | & 0 \\ 0 & 1 & \tfrac{1}{2} & | & -\tfrac{5}{2} \\ 0 & 0 & 6 & | & 18 \end{pmatrix}$$

- Schritt 5: Zum Abschluss multiplizieren wir noch die letzte Zeile mit $\frac{1}{6}$, um auch dort eine 1 zu erzeugen.

$$\begin{pmatrix} 1 & -1 & -1 & | & 0 \\ 0 & 1 & \tfrac{1}{2} & | & -\tfrac{5}{2} \\ 0 & 0 & 6 & | & 18 \end{pmatrix} \ | \cdot \tfrac{1}{6} \quad \Rightarrow \quad \begin{pmatrix} 1 & -1 & -1 & | & 0 \\ 0 & 1 & \tfrac{1}{2} & | & -\tfrac{5}{2} \\ 0 & 0 & 1 & | & 3 \end{pmatrix}$$

- Schritt 6 : Die letzte Zeile entspricht nun der Gleichung $x_3 = 3$. Um die anderen Variablen zu bestimmen, müssen wir sie nun rückwärts jeweils in die Gleichungen einsetzen. Dies können wir entweder in der Gleichungsschreibweise machen oder wir bleiben noch in der Matrixschreibweise – hier entspricht dem Rückwärtseinsetzen das Multiplizieren der unteren Zeilen auf die oberen. Wir führen dies am Beispiel vor:

$$\begin{pmatrix} 1 & -1 & -1 & | & 0 \\ 0 & 1 & \tfrac{1}{2} & | & -\tfrac{5}{2} \\ 0 & 0 & 1 & | & 3 \end{pmatrix} \quad \Rightarrow \quad \begin{pmatrix} 1 & 0 & 0 & | & -1 \\ 0 & 1 & 0 & | & -4 \\ 0 & 0 & 1 & | & 3 \end{pmatrix}$$

Nun haben wir das Gleichungssystem komplett gelöst; die Zeilen der Matrix entspricht nämlich genau den Gleichungen

$$x_1 = -1, x_2 = -4, x_3 = 3$$

und dies ist die eindeutige Lösung des Gleichungssystems.
Alternativ übertragen wir die Matrix wieder in das Gleichungssystem

$$\begin{pmatrix} -1 & 1 & 1 & | & 0 \\ 0 & -2 & -1 & | & 5 \\ 5 & 1 & 4 & | & 3 \end{pmatrix} \;\; | \cdot -1 \quad \Rightarrow \quad \begin{pmatrix} 1 & -1 & -1 & | & 0 \\ 0 & -2 & -1 & | & 5 \\ 5 & 1 & 4 & | & 3 \end{pmatrix}$$

- الخطوة الثالثة: نحصل على 0 في باقي قيم العامود اليساري عن طريق إضافة السطر الأول مضروباً بالقيم المناسبة إلى باقي الأسطر. يحاكي هذا في مثالنا طرح 5 أضعاف السطر الأول من السطر الثالث فقط، حيث يوجد لدينا مسبقاً 0 في السطر الثاني.

$$\begin{pmatrix} 1 & -1 & -1 & | & 0 \\ 0 & -2 & -1 & | & 5 \\ 5 & 1 & 4 & | & 3 \end{pmatrix} \;\; \cdot(-5) \quad \Rightarrow \quad \begin{pmatrix} 1 & -1 & -1 & | & 0 \\ 0 & -2 & -1 & | & 5 \\ 0 & 6 & 9 & | & 3 \end{pmatrix}$$

- الخطوة الرابعة: نقوم بتكرار الخطوات السابقة من أجل العامود التالي متجاهلين خلال ذلك السطر والعامود الأولين. إذن سنقوم في مثالنا بضرب السطر الثاني بالرقم $-\frac{1}{2}$ للحصول على 1، ونقوم بعدها بطرح 6 أضعاف هذا السطر من السطر الثالث.

$$\begin{pmatrix} 1 & -1 & -1 & | & 0 \\ 0 & -2 & -1 & | & 5 \\ 0 & 6 & 9 & | & 3 \end{pmatrix} \;\; | \cdot -\frac{1}{2} \Rightarrow \begin{pmatrix} 1 & -1 & -1 & | & 0 \\ 0 & 1 & \frac{1}{2} & | & -\frac{5}{2} \\ 0 & 6 & 9 & | & 3 \end{pmatrix} \;\; \cdot(-6) \Rightarrow \begin{pmatrix} 1 & -1 & -1 & | & 0 \\ 0 & 1 & \frac{1}{2} & | & -\frac{5}{2} \\ 0 & 0 & 6 & | & 18 \end{pmatrix}$$

- الخطوة الخامسة: نهايةً نقوم بضرب السطر الأخير بالرقم $\frac{1}{6}$ للحصول مجدداً على 1.

$$\begin{pmatrix} 1 & -1 & -1 & | & 0 \\ 0 & 1 & \frac{1}{2} & | & -\frac{5}{2} \\ 0 & 0 & 6 & | & 18 \end{pmatrix} \;\; | \cdot \frac{1}{6} \quad \Rightarrow \quad \begin{pmatrix} 1 & -1 & -1 & | & 0 \\ 0 & 1 & \frac{1}{2} & | & -\frac{5}{2} \\ 0 & 0 & 1 & | & 3 \end{pmatrix}$$

- الخطوة السادسة: السطر الأخير يمثّل المعادلة $x_3 = 3$. لتحديد المتحولات الباقية يجب علينا الآن تعويضها مجدداً في معادلات النظام. يمكننا تحقيق ذلك إما عن طريق كتابتها على شكل نظام معادلات خطيّة أو بإبقائها في المصفوفة وإضافة الأسطر السفلى مضروبة بالقيم المناسبة إلى الأسطر الأعلى، كما في التالي:

$$\begin{pmatrix} 1 & -1 & -1 & | & 0 \\ 0 & 1 & \frac{1}{2} & | & -\frac{5}{2} \\ 0 & 0 & 1 & | & 3 \end{pmatrix} \;\; \substack{\cdot -\frac{1}{2} \\ \cdot 1 \\ \cdot 1} \Rightarrow \begin{pmatrix} 1 & 0 & 0 & | & -1 \\ 0 & 1 & 0 & | & -4 \\ 0 & 0 & 1 & | & 3 \end{pmatrix}$$

هكذا نكون قد حللنا نظام المعادلات بشكلٍ كامل، أسطر المصفوفة توافق معادلات هذا النظام تماماً.

$$x_1 = -1, \; x_2 = -4, \; x_3 = 3$$

و هذا هو الحل الواضح لنظام المعادلات.

طريقة أخرى هي إعادة كتابة المصفوفة على شكل نظام معادلات كالتالي:

$$1x_1 - 1x_2 - 1x_3 = 0$$
$$0x_1 + 1x_2 + \frac{1}{2}x_3 = -\frac{5}{2}$$
$$0x_1 + 0x_2 + 1x_3 = 3$$

und setzen nun die letzte Zeile $x_3 = 3$ in die zweite Zeile ein. Dies liefert

$$x_2 + \frac{3}{2} = -\frac{5}{2} \Rightarrow x_2 = -4$$

und Einsetzen von $x_3 = 3$ und $x_2 = -4$ in die erste Gleichung liefert schließlich

$$x_1 - 3 + 4 = 0 \Rightarrow x_1 = -1$$

und damit die gleiche Lösung wie mit der anderen Methode.

Bemerkung 2.3 Oftmals gibt es schnellere Wege, ein lineares Gleichungssystem zu lösen, als den Gauß-Algorithmus Schritt für Schritt zu befolgen. Allerdings führt der Algorithmus immer zu der richtigen Lösung, wenn eine existiert.

2.4 Lösbarkeit von Gleichungssystemen

Nicht jedes lineare Gleichungssystem ist lösbar . So hat zum Beispiel das System, das zu der Matrix

$$\begin{pmatrix} 1 & 0 & 0 & | & 3 \\ 1 & 0 & 0 & | & 4 \\ 0 & 0 & 0 & | & 7 \end{pmatrix}$$

gehört, offensichtlich keine Lösung: Die ersten beiden Zeilen geben zwei verschiedene Werte für die Variable x_1 an ($x_1 = 3, x_1 = 4$) und die letzte Zeile entspricht der Gleichung $0 = 7$, die offensichtlich auch durch keine Wahl der x_i erfüllt werden kann. Andererseits gibt es auch lösbare Gleichungssysteme, deren Lösung aber nicht eindeutig ist. Die Matrix

$$\begin{pmatrix} 1 & 0 & 1 & | & 4 \\ 0 & 1 & 1 & | & 7 \\ 0 & 0 & 0 & | & 0 \end{pmatrix}$$

ist lösbar und die ersten beiden Zeilen entsprechen den Gleichungen $x_1 + x_3 = 4$ und $x_2 + x_3 = 7$, aber die dritte Variable x_3 kann beliebig gewählt werden, sodass es unendlich viele Lösungen für das Gleichungssystem gibt. So ist zum Beispiel $x_1 = 4, x_2 = 7$ und $x_3 = 0$ eine Lösung, genauso wie $x_1 = 3, x_2 = 6$ und $x_3 = 1$. Es gibt allerdings eine Möglichkeit, zu einem gegebenen Gleichungssystem direkt zu entscheiden, ob es eine eindeutige Lösung hat oder nicht.

Satz 2.4 *Ein lineares Gleichungssystem mit der Matrix*

$$1x_1 - 1x_2 - 1x_3 = 0$$

$$0x_1 + 1x_2 + \frac{1}{2}x_3 = -\frac{5}{2}$$

$$0x_1 + 0x_2 + 1x_3 = 3$$

ثم نعوّض $x_3 = 3$ من المعادلة الثالثة في المعادلة الثانية، فنحصل على:

$$x_2 + \frac{3}{2} = -\frac{5}{2} \Rightarrow x_2 = -4$$

ونعوّض $x_3 = 3$ و $x_2 = -4$ في المعادلة الأولى، فنحصل في النهاية على:

$$x_1 - 3 + 4 = 0 \Rightarrow x_1 = -1$$

وهو بالطبع نفس الحل الذي حصلنا عليه باستخدام الطريقة الاولى.

ملاحظة 2.3 قد يوجد في كثير من الأحيان طرق أسرع من خوارزمية غاوس لحل نظام معادلات خطيّة ما، غير أن هذه الخوارزمية تضمن وصولنا دائماً إلى الحلّ الصحيح (إن وجد).

2.4 قابلية حل أنظمة المعادلات الخطيّة

ليس كل نظام معادلات خطيّة قابل للحل، حيث نجد أنه لا يوجد أي حل لنظام المعادلات الممثّل بالمصفوفة التالية:

$$\begin{pmatrix} 1 & 0 & 0 & | & 3 \\ 1 & 0 & 0 & | & 4 \\ 0 & 0 & 0 & | & 7 \end{pmatrix}$$

السطرين الأول والثاني يعطيان للمتحول x_1 قيمتين مختلفتين $(x_1 = 3, x_1 = 4)$، والسطر الأخير يمثّل المعادلة $7 = 0$، التي لا حلّ لها مهما كانت x_i. من الناحية الأخرى يوجد أيضاً أنظمة معادلات خطية قابلة للحل ولكن حلّها ليس واضح.
المصفوفة التالية:

$$\begin{pmatrix} 1 & 0 & 1 & | & 4 \\ 0 & 1 & 1 & | & 7 \\ 0 & 0 & 0 & | & 0 \end{pmatrix}$$

قابلة للحل وسطريها الأول والثاني يمثّلان المعادلتين $x_1 + x_3 = 4$ و $x_2 + x_3 = 7$، ولكن المتحول الثالث x_3 يمكن اختياره بشكل عشوائي، بحيث يكون هنالك عدد لا نهائي من الحلول لنظام المعادلات هذا. مثلاً لأجل $x_3 = 0$ تكون $x_1 = 4$ و $x_2 = 7$، ولأجل $x_3 = 1$ تكون $x_1 = 3$ و $x_2 = 6$، وكلاهما حلّان صحيحان للنظام. إلا أنه يوجد إمكانية لمعرفة إذا ما كان لنظام معادلات خطيّة ما حلّاً وحيداً واضحاً أم لا.

نظرية 2.4 يكون لنظام المعادلات الخطيّة الممثّل بالمصفوفة

$$\begin{pmatrix} a_{11} & a_{12} & a_{13} & | & b_1 \\ a_{21} & a_{22} & a_{23} & | & b_2 \\ a_{31} & a_{32} & a_{33} & | & b_3 \end{pmatrix}$$

ist genau dann eindeutig lösbar, wenn die Determinante

$$D = a_{11}a_{22}a_{33} + a_{12}a_{23}a_{31} + a_{13}a_{21}a_{32} - a_{13}a_{22}a_{31} - a_{11}a_{23}a_{32} - a_{12}a_{21}a_{33}$$

einen Wert ungleich 0 annimmt.

Die Berechnung der Determinante für Matrizen mit drei Spalten und Zeilen lässt sich gut mit der *Sarrus-Regel* merken: Man schreibt die ersten beiden Spalten nochmal neben die Matrix (ohne die Spalte der b_i) und zieht dann diagonale Linien über die Spalten. Die Elemente auf einer Diagonale werden multipliziert und die Diagonalen von links oben nach rechts unten werden addiert, die von links unten nach rechts oben werden subtrahiert.

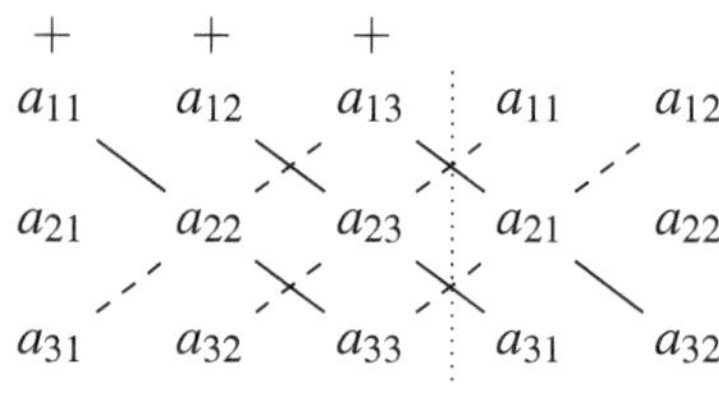

Mit diesem Kriterium kann man vor der Anwendung des Gauß-Algorithmus zunächst überprüfen, ob überhaupt eine eindeutige Lösung des Gleichungssystems zu erwarten ist. Zu beachten ist hierbei, dass die Determinante nicht von den b_i abhängt; auch bei Wechseln der b_i bleibt das Gleichungssystem eindeutig lösbar. Ist die Determinante einer Matrix allerdings gleich 0, so ist die Lösbarkeit eines Gleichungssystems abhängig von den gewählten b_i. Eine eindeutige Lösung ist dann aber auf jeden Fall nicht zu erwarten. Also zusammengefasst:

1. $D \neq 0 \Rightarrow$ Es existiert eine eindeutige Lösung.
2. $D = 0 \Rightarrow$ Es existiert keine Lösung oder unendlich viele Lösungen (in Abhängigkeit von den b_i).

Beispiel 2.5 1. Die Matrix

$$\begin{pmatrix} -1 & 1 & 1 & | & 0 \\ 1 & -3 & -2 & | & 5 \\ 5 & 1 & 4 & | & 3 \end{pmatrix}$$

hat Determinante 12 und damit hat das dazugehörige Gleichungssystem eine eindeutige Lösung, die wir oben berechnet haben.

2. Die Matrix

$$\begin{pmatrix} 1 & 2 & 3 & | & b_1 \\ 4 & 5 & 6 & | & b_2 \\ 7 & 8 & 9 & | & b_3 \end{pmatrix}$$

$$\begin{pmatrix} a_{11} & a_{12} & a_{13} & | & b_1 \\ a_{21} & a_{22} & a_{23} & | & b_2 \\ a_{31} & a_{32} & a_{33} & | & b_3 \end{pmatrix}$$

حلاً وحيداً واضحاً عندما يمتلك "المحدّد" (engl. Determinant)

$$D = a_{11}a_{22}a_{33} + a_{12}a_{23}a_{31} + a_{13}a_{21}a_{32} - a_{13}a_{22}a_{31} - a_{11}a_{23}a_{32} - a_{12}a_{21}a_{33}$$

قيمة غير 0.

يمكن حساب محدّد المصفوفات المكوّنة من ثلاثة أسطر وثلاثة أعمدة عن طريق تطبيق "قاعدة ساروس" (engl. Rule of Sarrus): نقوم بكتابة أول عامودين مرةً ثانية إلى جانب المصفوفة (بدون عامود الـ b_i)، ثم نقوم برسم خطوط قطريّة على الأعمدة، بعدها نضرب العناصر المحدّدة بالقطر الواحد مع بعضها البعض ونجمع الأقطار البادئة من أعلى اليسار إلى أسفل اليمن ونطرح الأقطار البادئة من أسفل اليسار.

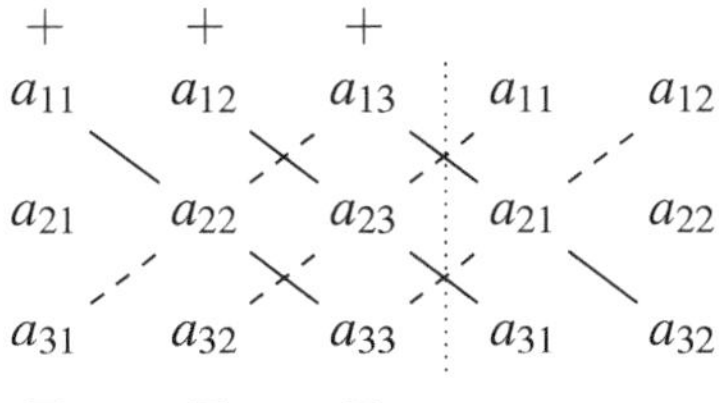

بهذه الطريقة يمكننا قبل تطبيق خوارزمية غاوس التحقّق إذا ما كان لنظام المعادلات حلاً واضحاً أم لا. من الجدير هنا بالملاحظة أن المحدّد لا يتعلّق بالـ b_i، وحتى عند تغيّر الـ b_i يبقى لنظام المعادلات حلاً واضحاً. أما إذا كان محدّد المصفوفة يساوي 0، يتعلّق حينها الحل بالـ b_i المختارة ويكون حينها في جميع الأحوال غير واضح. مجمل القول:

1. $D \neq 0 \Leftarrow$ يوجد حل واضح.
2. $D = 0 \Leftarrow$ لا يوجد أي حل أو يوجد عدد لا نهائي من الحلول (تعتمد على b_i).

مثال 2.5 1. للمصفوفة

$$\begin{pmatrix} -1 & 1 & 1 & | & 0 \\ 1 & -3 & -2 & | & 5 \\ 5 & 1 & 4 & | & 3 \end{pmatrix}$$

المحدّد 12، ولأجله يكون لنظام المعادلات حلاً واضحاً والذي قمنا بحسابه في الأعلى.

2. للمصفوفة

$$\begin{pmatrix} 1 & 2 & 3 & | & b_1 \\ 4 & 5 & 6 & | & b_2 \\ 7 & 8 & 9 & | & b_3 \end{pmatrix}$$

hat Determinante 0 und das Gleichungssystem ist damit nicht eindeutig lösbar. Ob überhaupt eine Lösung existiert oder das System auch unlösbar ist, hängt von der konkreten Wahl der b_i ab. Setzen wir beispielsweise $b_1 = 0, b_2 = 1$ und $b_3 = 2$, so erhalten wir unendlich viele Lösungen (z.B. $x_1 = \frac{2}{3}, x_2 = -\frac{1}{3}, x_3 = 0$ oder $x_1 = \frac{5}{3}, x_2 = -\frac{7}{3}, x_3 = 1$). Für $b_1 = b_2 = b_3 = 1$ hat das Gleichungssystem allerdings keine Lösung.

2.5 Aufgaben

Aufgabe 2.1 Finden Sie die eindeutige Lösung für folgende lineare Gleichungssysteme.

1.

$$\begin{aligned}
-x_1 + x_2 + x_3 &= 0 \\
x_1 + -3x_2 + -2x_3 &= 5 \\
5x_1 + x_2 + 4x_3 &= 3
\end{aligned}$$

2.

$$\begin{aligned}
2x - y + 4z &= 5 \\
5x + 2y - 10z &= 7 \\
12x - 9y - 8z &= 11
\end{aligned}$$

3.

$$\begin{pmatrix} 2 & 3 & 5 & | & 8 \\ 1 & 1 & -2 & | & 7 \\ 3 & -1 & 1 & | & 2 \end{pmatrix}$$

Aufgabe 2.2 Berechnen Sie die Determinante der folgenden Matrizen, entscheiden Sie, ob das zugehörige Gleichungssystem eindeutig lösbar ist und finden Sie gegebenenfalls b_i für die das Gleichungssystem unendliche viele Lösungen hat.

1.

$$\begin{pmatrix} 9 & 5 & 4 & | & b_1 \\ 6 & 3 & -5 & | & b_2 \\ 3 & -10 & 6 & | & b_3 \end{pmatrix}$$

2.

$$\begin{pmatrix} 2 & -1 & 3 & | & b_1 \\ 1 & 3 & -2 & | & b_2 \\ 3 & -2 & 5 & | & b_3 \end{pmatrix}$$

3.

$$\begin{pmatrix} 1 & -2 & 3 & | & b_1 \\ -1 & 2 & -3 & | & b_2 \\ 2 & -4 & 6 & | & b_3 \end{pmatrix}$$

المحدد 0 ولأجله يكون نظام المعادلات غير واضح الحل. أمّا مسألة إذا ما كان يوجد حلّ لنظام المعادلات أو أنه غير قابل للحل فترتبط تحديداً بالـ b_i المختارة. لنفرض مثلاً أنّ $b_1 = 0$، $b_2 = 1$ و $b_3 = 2$، عندها نحصل على عدد غير نهائي من الحلول (مثلاً 0 $x_1 = \frac{2}{3}, x_2 = -\frac{1}{3}, x_3 = 1$ أو $x_1 = \frac{5}{3}, x_2 = -\frac{7}{3}, x_3 = 1$). أمّا على فرض $b_1 = b_2 = b_3 = 1$، فلا يوجد حينها للنظام أي حل.

2.5 التمارين

تمرين 2.1 أوجد الحل الواضح لأنظمة المعادلات الخطية التالية:

1.

$$-x_1 + x_2 + x_3 = 0$$
$$x_1 + -3x_2 + -2x_3 = 5$$
$$5x_1 + x_2 + 4x_3 = 3$$

2.

$$2x - y + 4z = 5$$
$$5x + 2y - 10z = 7$$
$$12x - 9y - 8z = 11$$

3.

$$\begin{pmatrix} 2 & 3 & 5 & | & 8 \\ 1 & 1 & -2 & | & 7 \\ 3 & -1 & 1 & | & 2 \end{pmatrix}$$

تمرين 2.2 احسب محدّدات المصفوفات التالية، حدّد إذا ما كانت أنظمة المعادلات التابعة لهذه المصفوفات ذات حل واضح أم لا، وأوجد b_i مناسبة بحيث يكون لنظام المعادلات عدد لا نهائي من الحلول.

1.

$$\begin{pmatrix} 9 & 5 & 4 & | & b_1 \\ 6 & 3 & -5 & | & b_2 \\ 3 & -10 & 6 & | & b_3 \end{pmatrix}$$

2.

$$\begin{pmatrix} 2 & -1 & 3 & | & b_1 \\ 1 & 3 & -2 & | & b_2 \\ 3 & -2 & 5 & | & b_3 \end{pmatrix}$$

3.

$$\begin{pmatrix} 1 & -2 & 3 & | & b_1 \\ -1 & 2 & -3 & | & b_2 \\ 2 & -4 & 6 & | & b_3 \end{pmatrix}$$

3 Vektorrechnung

Zusammenfassung Vektoren sind Objekte der analytischen Geometrie, die sich mit geometrischen Fragestellungen beschäftigt. In der Physik werden Vektoren verwendet um beispielsweise in der klassischen Mechanik Kräfte darzustellen. In diesem Kapitel wollen wir zunächst Vektoren und die grundlegenden Rechenoperationen definieren. Dann werden wir Länge und Winkel für Vektoren und Orthogonalität betrachten und schließlich das Kreuzprodukt zur Konstruktion eines orthogonalen Vektors zu zwei gegebenen Vektoren definieren.

3.1 Vektoren

Die reellen Zahlen $\mathbb{R}$ können wir uns als eine unendlich lange Zahlengerade vorstellen; die Zahlen sind wie an einer Schnur aufgereiht. Es ist also möglich einen Punkt auf einer Geraden durch eine Zahl zu kennzeichnen und sich durch Addition oder Subtraktion von reellen Zahlen auf der Geraden fortzubewegen.

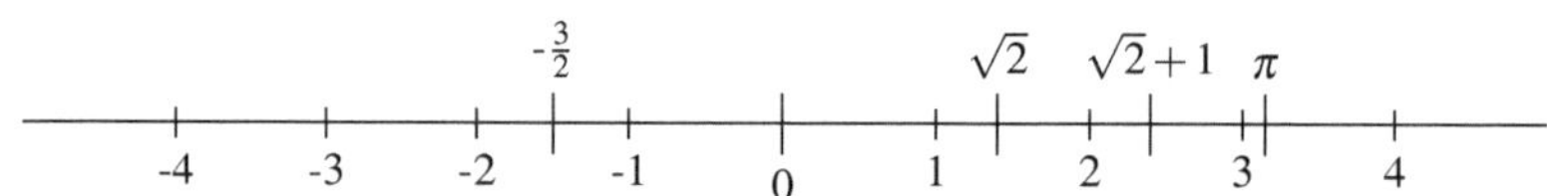

Abb. 3.1: Die reelle Zahlengerade $\mathbb{R}$

So können wir in einer Dimension Punkte und Richtungen durch reelle Zahlen beschreiben. Wie aber beschreiben wir Punkte und Richtungen in einer Ebene oder im gesamten dreidimensionalen Raum? Dafür benötigen wir mehr Koordinaten.

Definition 3.1 Ein *n-dimensionaler Vektor* ist ein Tupel, das heißt, eine geordnete Menge von n reellen Zahlen. Wir schreiben dies oft als

© Springer-Verlag GmbH Deutschland, ein Teil von Springer Nature 2018
M. Weber, *Basiswissen Mathematik auf Arabisch und Deutsch –*
أساسيات في الرياضيات باللغتين العربية والألمانية, https://doi.org/10.1007/978-3-662-58071-4_3

3 حساب الأشعّة (المتجهات)

ملخص الأشعة هي من توابع الهندسة التحليلية، التي تهتم بالمواضيع الهندسية. في الفيزياء مثلاً تستخدم الأشعّة في الميكانيكا الكلاسيكية لوصف القوى. في هذا الفصل نريد أولاً تعريف الأشعّة والعمليات الحسابية الأساسية. بعدها نريد استعراض طول وزاوية الأشعّة والتعامد، ونهايةً سنعرّف الضرب التقاطعي للحصول على شعاع يعامد شعاعين محدّدين.

3.1 الأشعّة

يمكننا تخيّل "الأعداد الحقيقية" $\mathbb{R}$ كمستقيم أعداد لا نهائي الطول، حيث تكون الأعداد مرتبة بشكل متسلسل. أي أنه من الممكن الرمز لأي نقطة على المستقيم برقم ومن ثمّ تحريكها على المستقيم بجمع الرقم أو طرحه مع الأعداد الحقيقية.

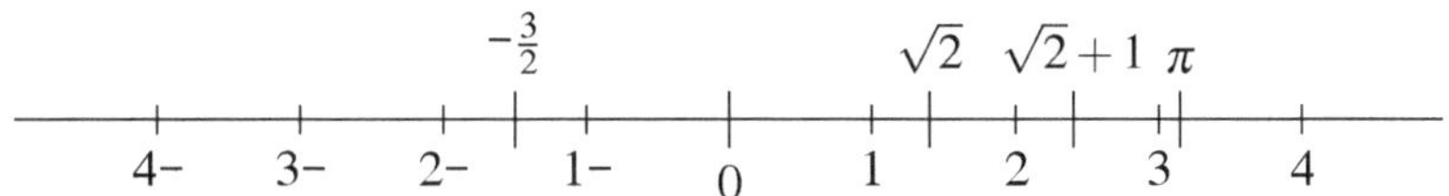

شكل 3.1: مستقيم الأعداد الحقيقية $\mathbb{R}$

هكذا يمكننا عن طريق الأعداد الحقيقية وصف نقاط وخطوط اتجاه في بُعدٍ ما. لكن كيف يمكننا رسم النقاط وخطوط الاتجاه في مستوي أو في الفراغ ثلاثي الأبعاد؟ من أجل ذلك نحتاج إلى إحداثيات أكثر.

تعريف 3.1 شعاع ذو البعد n هو عبارة عن صف (مجموعة مرتبة) من n رقم حقيقي، نقوم بكتابته غالباً على الشكل التالي:

$$\mathbf{x} \in \mathbb{R}^n, \quad \mathbf{x} = \begin{pmatrix} x_1 \\ x_2 \\ \vdots \\ x_n \end{pmatrix}, \quad x_1, x_2, \ldots, x_n \in \mathbb{R}.$$

Insbesondere erhalten wir für die Fälle $n = 2$ und $n = 3$, auf die wir uns im Folgenden konzentrieren werden:

$$\mathbf{x} = \begin{pmatrix} x_1 \\ x_2 \end{pmatrix} \in \mathbb{R}^2 \quad \text{bzw.} \quad \mathbf{x} = \begin{pmatrix} x_1 \\ x_2 \\ x_3 \end{pmatrix} \in \mathbb{R}^3$$

Bemerkung 3.2 Wir können uns Vektoren als Pfeile vorstellen, die eine Richtung und eine (endliche) Länge haben. Statten wir zum Beispiel die Ebene mit einem kartesischen Koordinatensystem aus und ist $\mathbf{x} \in \mathbb{R}^2$ ein zweidimensionaler Vektor, $\mathbf{x} = \begin{pmatrix} a \\ b \end{pmatrix}$, dann zeigt der Pfeil von $\mathbf{x}$ auf den Punkt (a, b) in der Ebene, wenn wir den Anfang des Pfeiles in die 0 legen. $\mathbf{x}$ heißt auch der *Ortsvektor* des Punktes (a, b). Verschieben des Pfeiles in der Ebene ändert aber den Vektor nicht. Zwei Pfeile beschreiben den gleichen Vektor genau dann,

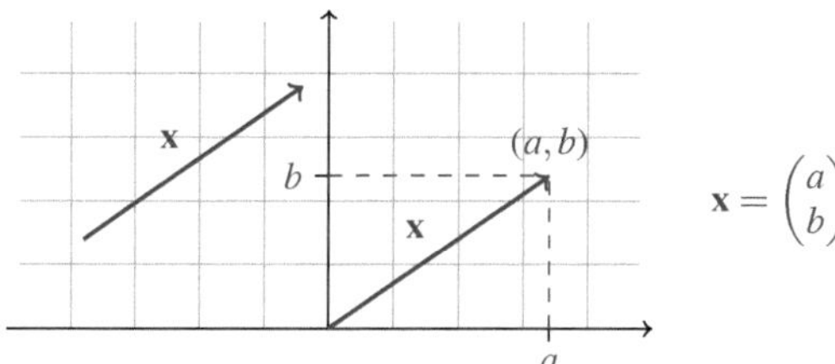

Abb. 3.2: Der Vektor $\mathbf{x}$ ist Ortsvektor des Punktes (a, b)

wenn ihre Länge und ihre Richtung gleich sind. Dann sind sie nämlich Ortsvektor des gleichen Punktes in einem Koordinatensystem. Analog funktioniert dies im dreidimensionalen Raum mit einem Vektor $\mathbf{x} \in \mathbb{R}^3$.

3.2 Addition und skalare Multiplikation von Vektoren

Auf der Zahlengerade können wir uns durch Addition mit reellen Zahlen fortbewegen. Wir werden nun eine Addition und eine Skalarmultiplikation von Vektoren definieren, die uns das Zusammensetzen und Strecken/Stauchen von Vektoren ermöglicht.

$$\mathbf{x} \in \mathbb{R}^n, \quad \mathbf{x} = \begin{pmatrix} x_1 \\ x_2 \\ \vdots \\ x_n \end{pmatrix}, \quad x_1, x_2, \ldots, x_n \in \mathbb{R}$$

نحصل من أجل $n=2$ و $n=3$ ، وهي الحالات التي سنقوم بالتركيز عليها تالياً على:

$$\mathbf{x} = \begin{pmatrix} x_1 \\ x_2 \end{pmatrix} \in \mathbb{R}^2 \quad , \quad \mathbf{x} = \begin{pmatrix} x_1 \\ x_2 \\ x_3 \end{pmatrix} \in \mathbb{R}^3$$

ملاحظة 3.2 يمكننا تصوّر الأشعّة على أنها أسهم ذات اتجاه وطول (نهائي) معيّنين. لنزوّد مثلاً المستوي بنظام إحداثيّات ديكارتي وليكن $\mathbf{x} \in \mathbb{R}^2$ شعاعاً ثنائي الأبعاد، $\mathbf{x} = \begin{pmatrix} a \\ b \end{pmatrix}$، عندها يشير سهم الشعاع $\mathbf{x}$ على النقطة (a,b) عندما نضع بدايته في المركز 0.

$\mathbf{x}$ يدعى أيضاً شعاع توجيه (eng. Position Vector) للنقطة (a,b). إزاحة السهم في المستوي لا يغيّر الشعاع الذي يمثّله:

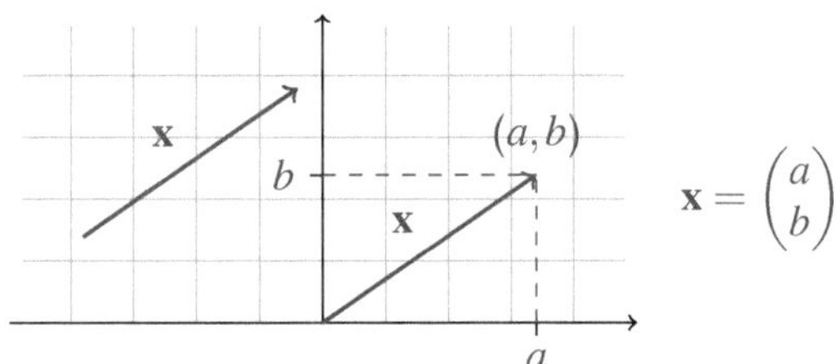

$$\mathbf{x} = \begin{pmatrix} a \\ b \end{pmatrix}$$

شكل 3.2: الشعاع $\mathbf{x}$ هو شعاع توجيه للنقطة (a,b).

نعتبر أنّ سهمين يمثّلان نفس الشعاع إذا كان لهما نفس الطول والاتجاه، حتى أنهما حينها يعتبران شعاع التوجيه لنفس النقطة في نظام الإحداثيات. بشكل مشابه تنطبق هذه الأفكار على شعاع $\mathbf{x} \in \mathbb{R}^3$ في الفضاء ثلاثي الأبعاد.

3.2 الجمع والضرب القياسي للأشعّة

كما ذكرنا يمكننا التنقل على مستقيم الأعداد باستخدام عملية الجمع مع الأعداد الحقيقية. الآن سنقوم بتعريف عمليّتي الجمع والضرب القياسي (eng. Scalar Product) للأشعّة، ما سيمكننا من جمع وتمديد/تقليص الأشعّة.

Definition 3.3 Seien $\mathbf{x}, \mathbf{y}$ zwei Vektoren des $\mathbb{R}^n$, $\lambda \in \mathbb{R}$ eine reelle Zahl. Dann definieren wir die Vektoren $\mathbf{x} + \mathbf{y}$, bzw. $\lambda \mathbf{x}$ durch komponentenweise Addition bzw. skalare Multiplikation, das heißt

$$\mathbf{x} + \mathbf{y} = \begin{pmatrix} x_1 \\ x_2 \\ \vdots \\ x_n \end{pmatrix} + \begin{pmatrix} y_1 \\ y_2 \\ \vdots \\ y_n \end{pmatrix} := \begin{pmatrix} x_1 + y_1 \\ x_2 + y_2 \\ \vdots \\ x_n + y_n \end{pmatrix} \quad \text{und} \quad \lambda \mathbf{x} := \begin{pmatrix} \lambda x_1 \\ \lambda x_2 \\ \vdots \\ \lambda x_n \end{pmatrix}.$$

Wir nennen den $\mathbb{R}^n$ auch einen *n-dimensionalen Vektorraum* oder einfach nur *Raum*.

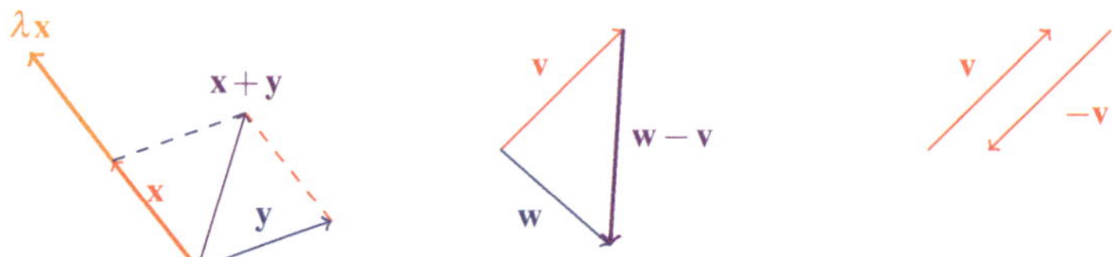

Abb. 3.3: Die Vektoraddition und Skalarmultiplikation in der Ebene

Bemerkung 3.4 Wir sehen an Abbildung 3.3, dass die Addition der Vektoren also darauf hinausläuft, den einen Vektor an die Spitze des anderen zu setzen. Genauso können wir auch Vektoren voneinander abziehen oder durch eine reelle Zahl $\neq 0$ dividieren. Subtraktion von zwei Vektoren liefert hier den Pfeil, der von der Spitze des einen Pfeiles auf den anderen zeigt, wenn beide Pfeile in einem gemeinsamen Punkt starten. Multiplikation eines Vektors mit -1 ist das Umdrehen des Pfeiles, das heißt, die Richtung wird genau umgekehrt, während die Länge erhalten bleibt.

Achtung! Wir definieren zunächst keine Multiplikation auf den Vektoren, $\mathbf{x} \cdot \mathbf{y}$ ist also kein Vektor! Erst später werden wir sehen, wie und in welcher Situation ein 'Vektorprodukt' berechnet werden kann.

3.3 Länge von Vektoren und Skalarprodukt

Wir wollen nun die Länge eines Vektors definieren. Hier ist die Idee, sich an dem Satz des Pythagoras zu orientieren und davon ausgehend im Allgemeinen die Länge eines Vektors des $\mathbb{R}^n$ zu definieren. Der Satz des Pythagoras (siehe auch Satz 4.1) besagt: Die Seitenlängen eines rechtwinkligen Dreiecks erfüllen die Gleichung

$$a^2 + b^2 = c^2,$$

hierbei bezeichnen a, b, c die Seitenlängen des Dreiecks, c die Hypotenuse, das heißt, die Seite, die dem rechten Winkel des Dreiecks gegenüberliegt.

تعريف 3.3 ليكن لدينا الشعاعين **xy** المعرّفين في $\mathbb{R}^n$، $\lambda \in \mathbb{R}$ عدد حقيقي. نطلق حينها على العمليّتين **x + y**، λ**x** الجمع والضرب القياسي للأشعّة:

$$\mathbf{x} + \mathbf{y} = \begin{pmatrix} x_1 \\ x_2 \\ \vdots \\ x_n \end{pmatrix} + \begin{pmatrix} y_1 \\ y_2 \\ \vdots \\ y_n \end{pmatrix} := \begin{pmatrix} x_1 + y_1 \\ x_2 + y_2 \\ \vdots \\ x_n + y_n \end{pmatrix} \quad \text{و} \quad \lambda \mathbf{x} := \begin{pmatrix} \lambda x_1 \\ \lambda x_2 \\ \vdots \\ \lambda x_n \end{pmatrix}.$$

نطلق على $\mathbb{R}^n$ أيضاً "فضاء شعاعي" ذو البعد n أو فقط "فضاء".

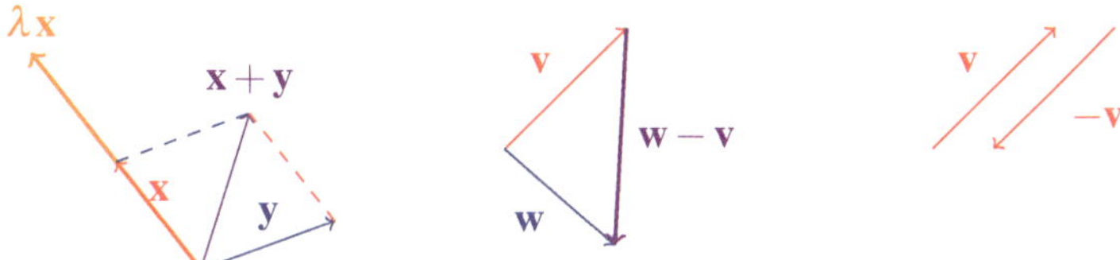

شكل 3.3: الجمع والضرب القياسيّ للأشعّة في المستوي

ملاحظة 3.4 كما نرى في الشكل 3.3، تمثّل عملية جمع الأشعّة وضع أحد الشعاعين على مقدمة (نهاية) الشعاع الآخر. بالمثل يمكننا أيضاً طرح الأشعّة من بعضها البعض وقسمها على عدد حقيقي $0 \neq$. يمثّل ناتج عملية الطرح بين شعاعين لهما نفس نقطة البداية سهماً ينطلق من مقدمة أحدهما وينتهي في مقدمة الآخر. ضرب شعاع بالعدد $1-$ يعكسه، أي أنّ الشعاع يحافظ على طوله ولكن يعكس اتجاهه.

تنبيه! لن نقوم حالياً بتعريف عملية ضرب الأشعّة، حيث أن ناتج **x·y** ليس شعاعاً! سنرى أولاً في وقت لاحق كيف وفي أي حالة يمكن حساب "جداء الأشعّة".

3.3 طول الأشعّة والضرب القياسي

نريد الآن تعريف طول الشعاع. سنقوم انطلاقاً من نظرية فيثاغورث بتعريف طول شعاع في $\mathbb{R}^n$. تنص هذه النظرية (انظر النظرية 4.1) على أنّ أطوال أضلاع المثلث قائم الزاوية تحقّق العلاقة:

$$a^2 + b^2 = c^2,$$

a, b, c تمثّل أطوال أضلاع المثلث، c الوتر، أي الضلع المقابل للزاوية القائمة.

Schreiben wir nun einen Vektor $\mathbf{w} \in \mathbb{R}^2$ als

$$\mathbf{w} = \begin{pmatrix} x \\ y \end{pmatrix} = \begin{pmatrix} x \\ 0 \end{pmatrix} + \begin{pmatrix} 0 \\ y \end{pmatrix} = \mathbf{x} + \mathbf{y},$$

so können wir die Länge des Vektors $\mathbf{w}$ definieren als $\sqrt{x^2 + y^2}$, siehe Abbildung 3.4.

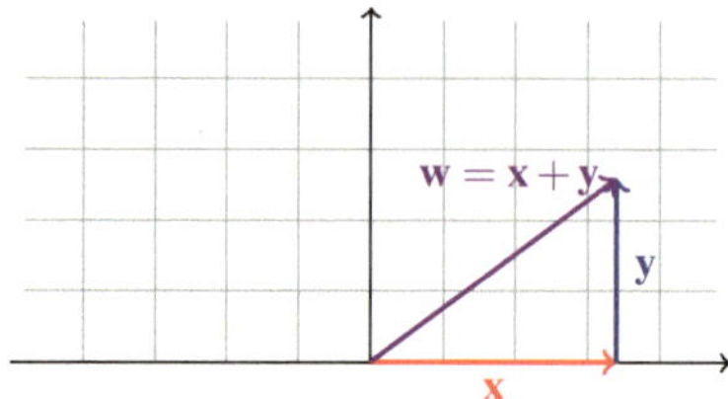

Abb. 3.4: Der Satz des Pythagoras liefert uns die Länge des Vektors $\mathbf{w}$.

Dies führt uns zu folgender Definition der Länge eines allgemeinen Vektors des $\mathbb{R}^n$:

Definition 3.5 Sei $\mathbf{x} \in \mathbb{R}^n$ ein Vektor mit Einträgen $x_1, x_2, \ldots, x_n$. Dann ist die *Länge* $\| \mathbf{x} \|$ von $\mathbf{x}$ definiert als

$$\| \mathbf{x} \| = \sqrt{x_1^2 + x_2^2 + \cdots + x_n^2}.$$

Ist $\| \mathbf{x} \| = 1$, dann heißt $\mathbf{x}$ *normiert*, für einen allgemeinen Vektor $\mathbf{y}$ heißt der Vektor $\mathbf{y}' = \frac{\mathbf{y}}{\|\mathbf{y}\|}$ die *Normierung* von $\mathbf{y}$.

Um den Winkel zwischen zwei Vektoren bestimmen oder überhaupt erst definieren zu können, benötigen wir das Skalarprodukt zweier Vektoren.

Definition 3.6 Es seien $\mathbf{x}, \mathbf{y}$ zwei Vektoren des $\mathbb{R}^n$ mit Einträgen $x_1, x_2, \ldots, x_n$ bzw. $y_1, y_2, \ldots, y_n$. Dann ist das *Skalarprodukt* von $\mathbf{x}$ und $\mathbf{y}$ definiert durch

$$\mathbf{x} \cdot \mathbf{y} := x_1 y_1 + x_2 y_2 + \cdots + x_n y_n \in \mathbb{R}.$$

Insbesondere gilt also $\mathbf{x} \cdot \mathbf{x} = \| \mathbf{x} \|^2$.

Das Skalarprodukt gibt uns also die Möglichkeit, zwei Vektoren zu „multiplizieren"; wir erhalten aber keinen neuen Vektor, sondern eine reelle Zahl! Mit Hilfe dieses Skalarprodukts können wir nun Winkel zwischen zwei Vektoren bestimmen.

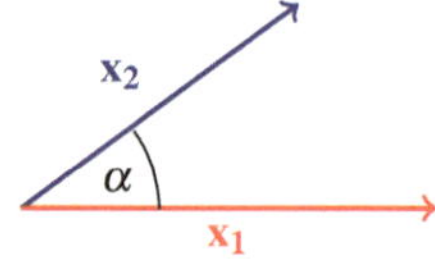

Abb. 3.5: Die Vektoren $\mathbf{x}_1$ und $\mathbf{x}_2$ schließen den Winkel α ein.

نكتب الآن شعاعاً $\mathbf{w} \in \mathbb{R}^2$ على الشكل التالي:

$$\mathbf{w} = \begin{pmatrix} x \\ y \end{pmatrix} = \begin{pmatrix} x \\ 0 \end{pmatrix} + \begin{pmatrix} 0 \\ y \end{pmatrix} = \mathbf{x} + \mathbf{y},$$

هكذا يمكننا تعريف طول الشعاع $\mathbf{w}$ على أنّه $\sqrt{x^2 + y^2}$، انظر الشكل 3.4.

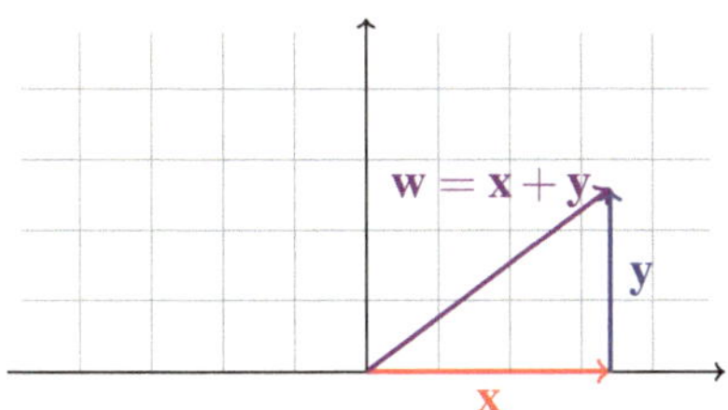

شكل 3.4: نظرية فيثاغورث تعطينا طول الشعاع $\mathbf{w}$

هذا يوصلنا إلى تعريف عام لطول شعاع في $\mathbb{R}^n$:

تعريف 3.5 ليكن $\mathbf{x} \in \mathbb{R}^n$ شعاع مؤلف من $x_1, x_2, \ldots, x_n$. عندها نعرّف طول هذا الشعاع $\| \mathbf{x} \|$ كالتالي:

$$\| \mathbf{x} \| = \sqrt{x_1^2 + x_2^2 + \cdots + x_n^2}.$$

نطلق على $\mathbf{x}$ "شعاع الوحدة" (eng. Unit Vector) عندما يكون $\| \mathbf{x} \| = 1$. عموماً نحصل على شعاع الوحدة لشعاع $\mathbf{y}$ كالتالي $\mathbf{y}' = \frac{\mathbf{y}}{\|\mathbf{y}\|}$.

لتحديد الزاوية بين شعاعين أو لنستطيع تعريف هذه الزاوية في البداية، نحتاج إلى حاصل "الضرب القياسي" للشعاعين (يدعى أيضاً الجداء السلّمي).

تعريف 3.6 ليكن لدينا $\mathbf{x}\mathbf{y}$ شعاعين في $\mathbb{R}^n$ مؤلّفين من العناصر $y_1, y_2, \ldots, y_n$، $x_1, x_2, \ldots, x_n$ على التوالي. عندها نعرّف حاصل الضرب القياسي للشعاعين $\mathbf{x}$ و $\mathbf{y}$ كالتالي:

$$\mathbf{x} \cdot \mathbf{y} := x_1 y_1 + x_2 y_2 + \cdots + x_n y_n \in \mathbb{R}.$$

حيث أنّه أيضاً $\mathbf{x} \cdot \mathbf{x} = \| \mathbf{x} \|^2$.

تمكننا عملية الضرب القياسي إذاً من "ضرب" شعاعين، ولكن الناتج حينها لا يكون شعاعاً جديداً إنما عدداً حقيقياً!. يمكننا الآن عن طريق حاصل الضرب القياسي تحديد الزاوية بين شعاعين.

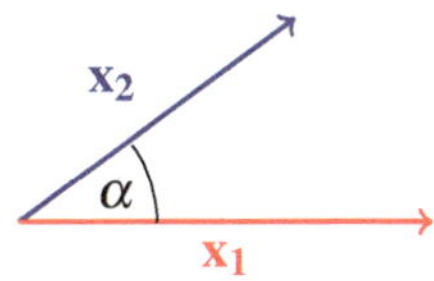

شكل 3.5: الشعاعين $\mathbf{x_1}$ و $\mathbf{x_2}$ يحصران الزاوية α بينهما.

Bemerkung 3.7 Es seien $\mathbf{x_1}, \mathbf{x_2}$ zwei Vektoren des $\mathbb{R}^n$ und α der Winkel der von (den Pfeilen von) $\mathbf{x_1}$ und $\mathbf{x_2}$ gebildet wird (siehe Abbildung 3.5). Dann gilt

$$\cos(\alpha) = \frac{\mathbf{x_1} \cdot \mathbf{x_2}}{\| \mathbf{x_1} \| \cdot \| \mathbf{x_2} \|}.$$

Insbesondere gilt also für $\mathbf{x_1} \cdot \mathbf{x_2} = 0$, dass $\cos(\alpha) = 0$, also $\alpha = 90°$ ist. Die Vektoren stehen also senkrecht aufeinander.

3.4 Orthogonalität

Definition 3.8 Zwei Vektoren $\mathbf{x_1}, \mathbf{x_2} \in \mathbb{R}^n$ heißen *orthogonal*, wenn $\mathbf{x_1} \cdot \mathbf{x_2} = 0$ gilt. Wir schreiben dann auch

$$\mathbf{x_1} \perp \mathbf{x_2}.$$

Beispiel 3.9 Die Vektoren $\begin{pmatrix} 1 \\ 2 \end{pmatrix}$ und $\begin{pmatrix} -2 \\ 1 \end{pmatrix}$ sind orthogonal zueinander da

$$\begin{pmatrix} 1 \\ 2 \end{pmatrix} \cdot \begin{pmatrix} -2 \\ 1 \end{pmatrix} = 1 \cdot (-2) + 1 \cdot 2 = 0$$

gilt. Die Vektoren schließen also einen Winkel von $90°$ Grad ein, einen *rechten Winkel*.

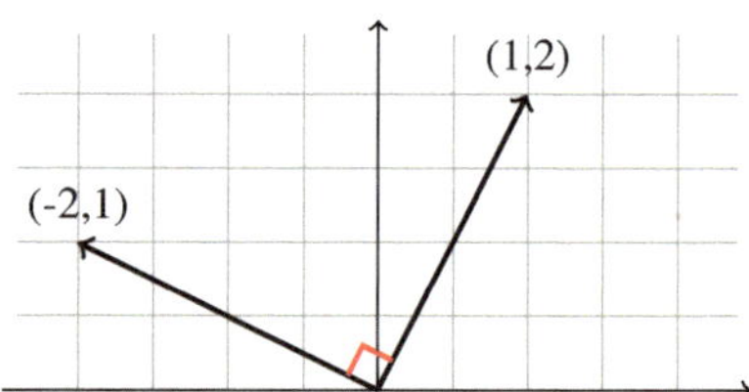

Abb. 3.6: Die Ortsvektoren der Punkte $(1, 2)$ und $(-2, 1)$ sind orthogonal zueinander

Beispiel 3.10 Wir wollen einen normierten Vektor $\neq 0$ finden, der orthogonal auf dem Vektor $\mathbf{x} = \begin{pmatrix} 2 \\ 1 \\ 1 \end{pmatrix}$ steht. Wir schreiben dafür $\mathbf{v} = \begin{pmatrix} v_1 \\ v_2 \\ v_3 \end{pmatrix}$ und rechnen nach:

$$0 = \begin{pmatrix} 2 \\ 1 \\ 1 \end{pmatrix} \cdot \begin{pmatrix} v_1 \\ v_2 \\ v_3 \end{pmatrix} = 2v_1 + v_2 + v_3.$$

Wählen wir nun $v_3 = 0$, so erhalten wir mit der Gleichung von oben, dass $2v_1 = -v_2$ gelten muss. Wählen wir also $v_1 = 1$, so erhalten wir $v_2 = -2$ und damit ist zum Beispiel

ملاحظة 3.7 ليكن لدينا $\mathbf{x_1}, \mathbf{x_2}$ شعاعين في $\mathbb{R}^n$ و α الزاوية المحصورة بينهما (انظر الشكل 3.5)، عندها يكون:

$$\cos(\alpha) = \frac{\mathbf{x_1} \cdot \mathbf{x_2}}{\|\mathbf{x_1}\|\|\mathbf{x_2}\|}.$$

في حالة كون $\mathbf{x_1} \cdot \mathbf{x_2} = 0$، يكون عندها $\cos(\alpha) = 0$، أي أنّ $\alpha = 90°$. الشعاعين يكونان حينها متعامدين.

3.4 التعامد

تعريف 3.8 نقول عن شعاعين $\mathbf{x_1}, \mathbf{x_2} \in \mathbb{R}^n$ أنهما متعامّدين (eng. Orthogonal)، عندما يتحقّق $\mathbf{x_1} \cdot \mathbf{x_2} = 0$. نكتب أيضاً حينها:

$$\mathbf{x_1} \perp \mathbf{x_2}.$$

مثال 3.9 الشعاعين $\begin{pmatrix} 1 \\ 2 \end{pmatrix}$ و $\begin{pmatrix} -2 \\ 1 \end{pmatrix}$ متعامدين لأنّه

$$\begin{pmatrix} 1 \\ 2 \end{pmatrix} \cdot \begin{pmatrix} -2 \\ 1 \end{pmatrix} = 1 \cdot (-2) + 1 \cdot 2 = 0$$

أي أنّ الشعاعين يحصران زاوية $90°$ بينهما (زاوية قائمة).

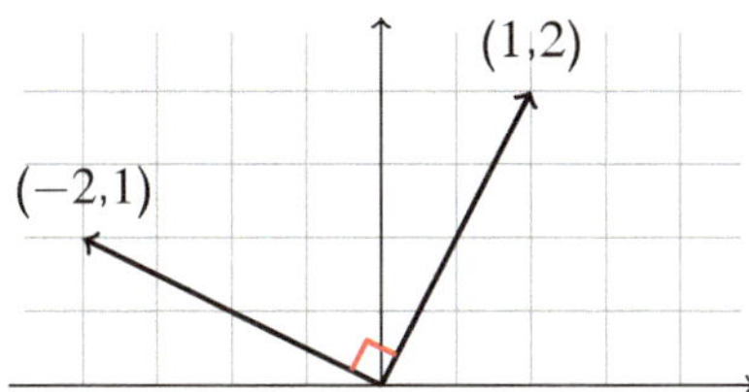

شكل 3.6: شعاعي توجيه النقطتين $(1,2)$ و $(-2,1)$ متعامدين.

مثال 3.10 نريد هنا إيجاد شعاع وحدة $\neq 0$ والذي يعامد الشعاع $\mathbf{x} = \begin{pmatrix} 2 \\ 1 \\ 1 \end{pmatrix}$. نكتب لأجل ذلك $\mathbf{v} = \begin{pmatrix} v_1 \\ v_2 \\ v_3 \end{pmatrix}$ ونقوم بحساب التالي:

$$0 = \begin{pmatrix} 2 \\ 1 \\ 1 \end{pmatrix} \cdot \begin{pmatrix} v_1 \\ v_2 \\ v_3 \end{pmatrix} = 2v_1 + v_2 + v_3.$$

بتعويض $v_3 = 0$ يكون عندها حسب المعادلة الناتجة $2v_1 = -v_2$. نعوّض أيضاً $v_1 = 1$، فنحصل على $v_2 = -2$.

$\mathbf{v} = \begin{pmatrix} 1 \\ -2 \\ 0 \end{pmatrix}$ orthogonal zu $\mathbf{x}$. Nun müssen wir noch $\mathbf{v}$ normieren. (Das ändert nicht die Orthogonalität zu $\mathbf{x}$). Dafür berechnen wir die Länge von $\mathbf{v}$:

$$\|\mathbf{v}\| = \sqrt{1^2 + (-2)^2 + 0^2} = \sqrt{5}$$

Nun müssen wir nur noch $\mathbf{v}$ durch die Länge teilen und erhalten, dass

$$\begin{pmatrix} \frac{1}{\sqrt{5}} \\ \frac{-2}{\sqrt{5}} \\ 0 \end{pmatrix}$$

ein normierter Vektor ist, der orthogonal auf $\mathbf{x}$ steht.

3.5 Geraden und Ebenen im Vektorraum

Mit Hilfe von Mengen von Vektoren können wir Geraden oder Ebenen im zwei- oder dreidimensionalen Raum beschreiben.

Definition 3.11 Seien $\mathbf{x}, \mathbf{y}, \mathbf{z}$ drei Vektoren im $\mathbb{R}^n$. Dann definiert die Menge

$$\{\mathbf{x} + \lambda \mathbf{y} \mid \lambda \in \mathbb{R}\}$$

die *Gerade durch* $\mathbf{x}$ *in Richtung* $\mathbf{y}$. Ähnlich definiert die Menge

$$\{\mathbf{x} + \lambda \mathbf{y} + \mu \mathbf{z} \mid \lambda, \mu \in \mathbb{R}\}$$

die *Ebene durch* $\mathbf{x}$, *die von* $\mathbf{y}$ *und* $\mathbf{z}$ *aufgespannt* wird.

Beispiel 3.12 Seien $\mathbf{x} = \begin{pmatrix} 1 \\ 2 \end{pmatrix}$ und $\mathbf{y} = \begin{pmatrix} -2 \\ -1 \end{pmatrix}$ im $\mathbb{R}^2$ gegeben. Dann hat die Gerade durch $\mathbf{x}$ in Richtung $\mathbf{y}$ die folgende Gestalt:

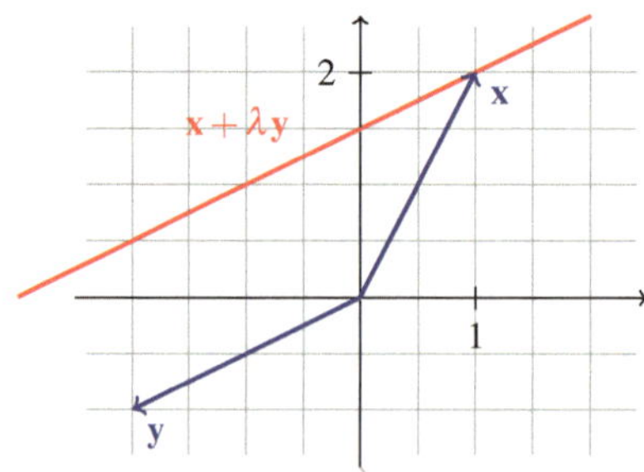

Abb. 3.7: Die Gerade durch den Punkt $(1,2)$ in Richtung $\mathbf{y}$

عندها يعامد الشعاع $\mathbf{v} = \begin{pmatrix} 1 \\ -2 \\ 0 \end{pmatrix}$ الشعاع $\mathbf{x}$. الآن يجب علينا جعل $\mathbf{v}$ شعاع وحدة (هذا لا يؤثّر على تعامده مع الشعاع $\mathbf{x}$). لأجل ذلك نقوم بحساب طول الشعاع $\mathbf{v}$:

$$\|\mathbf{v}\| = \sqrt{1^2 + (-2)^2 + 0^2} = \sqrt{5}$$

والآن يجب علينا بعدها قسمة $\mathbf{v}$ على طوله، فنحصل على:

$$\begin{pmatrix} \frac{1}{\sqrt{5}} \\ \frac{-2}{\sqrt{5}} \\ 0 \end{pmatrix}$$

والذي يحقّق المطلوب بكونه شعاع وحدة يعامد الشعاع $\mathbf{x}$.

3.5 المستقيمات والمستويات في الفضاء الشعاعي

يمكننا بمساعدة مجموعة من الأشعّة وصف مستقيمات أو مستويات في الفضاء ثنائي أو ثلاثي الأبعاد.

تعريف 3.11 لتكن $\mathbf{x}, \mathbf{y}, \mathbf{z}$ ثلاثة أشعّة في $\mathbb{R}^n$. عندها تعرّف المجموعة

$$\{\mathbf{x} + \lambda\mathbf{y} \mid \lambda \in \mathbb{R}\}$$

المستقيم العابر من $\mathbf{x}$ في الاتجاه $\mathbf{y}$. بشكل مشابه تعرّف المجموعة

$$\{\mathbf{x} + \lambda\mathbf{y} + \mu\mathbf{z} \mid \lambda, \mu \in \mathbb{R}\}$$

المستوي عبر $\mathbf{x}$، الممدّد من قبل $\mathbf{y}$ و $\mathbf{z}$.

مثال 3.12 لتكن $\mathbf{x} = \begin{pmatrix} 1 \\ 2 \end{pmatrix}$ و $\mathbf{y} = \begin{pmatrix} -2 \\ -1 \end{pmatrix}$ في $\mathbb{R}^2$. عندها يكون للمستقيم العابر للشعاع $\mathbf{x}$ في الاتجاه $\mathbf{y}$ الشكل التالي:

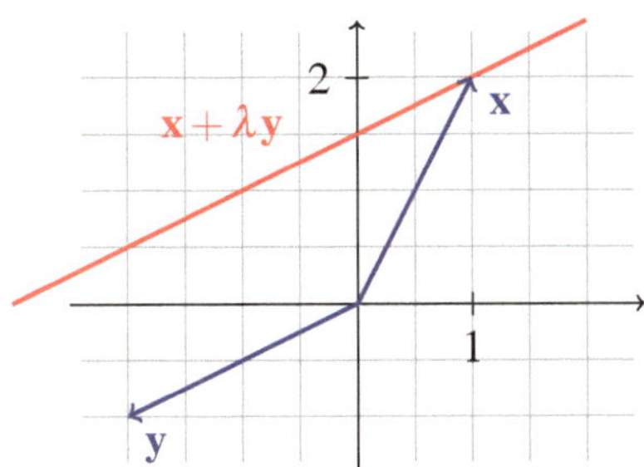

شكل 3.7: المستقيم المار بالنقطة $(1,2)$ في الاتجاه $\mathbf{y}$.

Das Skalarprodukt enthält Informationen über die geometrische Lage der Vektoren zueinander, wie zum Beispiel den Winkel. Des Weiteren können wir mit der Hilfe des Skalarprodukts die Entfernung eines Punktes von einer Geraden bestimmen.

Beispiel 3.13 Wir betrachten die Gerade durch $\mathbf{x_0} = \begin{pmatrix} 0 \\ 1 \end{pmatrix}$ in Richtung $\mathbf{v} = \begin{pmatrix} 1 \\ 1 \end{pmatrix}$, das heißt die Menge aller Vektoren, die sich als $\mathbf{x_0} + \lambda \mathbf{v}$ schreiben lassen können für ein $\lambda \in \mathbb{R}$. Wir möchten herausfinden, wie weit der Punkt $(2,1)$ mit Ortsvektor $\mathbf{z} = \begin{pmatrix} 2 \\ 1 \end{pmatrix}$ von der Geraden entfernt ist. Wir interessieren uns also für die Länge des Vektors $\mathbf{z} - \mathbf{x}(\lambda)$, wobei die Zahl $\lambda \in \mathbb{R}$ für $\mathbf{x}(\lambda) = \mathbf{x_0} + \lambda \mathbf{v}$ so gewählt ist, dass

$$\mathbf{z} - \mathbf{x}(\lambda) \perp \mathbf{v}$$

gilt. Man beachte, dass $\mathbf{x}(\lambda)$ auf der Geraden liegt. Sind die Vektoren $\mathbf{z} - \mathbf{x}(\lambda)$ und $\mathbf{v}$ nämlich orthogonal, so ist die Länge von $\mathbf{z} - \mathbf{x}(\lambda)$ gerade die Länge des kürzesten Weges von $(2,1)$ zu der Geraden. (Siehe Abbildung 3.8.) Wir berechnen also λ durch das Skalarprodukt:

$$0 = (\mathbf{z} - \mathbf{x}(\lambda)) \cdot \mathbf{v} = \left(\begin{pmatrix} 2 \\ 1 \end{pmatrix} - \begin{pmatrix} \lambda \\ 1 + \lambda \end{pmatrix} \right) \cdot \begin{pmatrix} 1 \\ 1 \end{pmatrix} = \begin{pmatrix} 2 - \lambda \\ 1 - 1 - \lambda \end{pmatrix} \cdot \begin{pmatrix} 1 \\ 1 \end{pmatrix} = 2 - \lambda - \lambda = 2 - 2\lambda.$$

Dies führt uns direkt zu $\lambda = 1$ und damit ist $\mathbf{x}(1) = \begin{pmatrix} 1 \\ 2 \end{pmatrix}$ der gesuchte Vektor der Geraden. Schließlich berechnen wir die Länge von $\mathbf{z} - \mathbf{x}(1)$ durch

$$\left\| \begin{pmatrix} 2 \\ 1 \end{pmatrix} - \begin{pmatrix} 1 \\ 2 \end{pmatrix} \right\| = \left\| \begin{pmatrix} 1 \\ -1 \end{pmatrix} \right\| = \sqrt{2}.$$

Der Punkt $(2,1)$ ist also $\sqrt{2}$ von der Geraden entfernt.

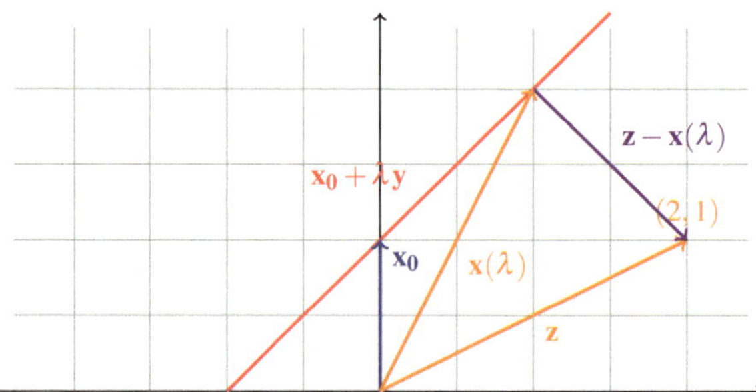

Abb. 3.8: Die Entfernung des Punktes $(2,1)$ von der Geraden ist durch den Vektor $\mathbf{z} - \mathbf{x}(\lambda)$ bestimmt, der im rechten Winkel auf der Geraden steht.

حاصل الضرب القياسي يحتوي على معلومات عن الموقع الهندسي للأشعة بالنسبة لبعضها البعض، كالزاوية بين الشعاعين. يمكننا أيضاً بمساعدة حاصل الضرب القياسي تحديد بعد نقطة عن مستقيم ما.

مثال 3.13 لنعاين المستقيم المار عبر $\mathbf{x_0} = \begin{pmatrix} 0 \\ 1 \end{pmatrix}$ في الاتجاه $\mathbf{v} = \begin{pmatrix} 1 \\ 1 \end{pmatrix}$، أي مجموعة الأشعّة التي يمكن كتابتها على الشكل $\mathbf{x_0} + \lambda\,\mathbf{v}$ من أجل $\lambda \in \mathbb{R}$. نريد اكتشاف كم تبعد النقطة $(2,1)$ ذات شعاع التوجيه $\mathbf{z} = \begin{pmatrix} 2 \\ 1 \end{pmatrix}$ عن هذا المستقيم. أي أننا نحتاج طول الشعاع $\mathbf{z} - \mathbf{x}(\lambda)$، هنا نختار الرقم $\lambda \in \mathbb{R}$ من أجل $\mathbf{x}(\lambda) = \mathbf{x_0} + \lambda\,\mathbf{v}$ بحيث يتحقّق:

$$\mathbf{z} - \mathbf{x}(\lambda) \perp \mathbf{v}$$

نلاحظ أنّ $\mathbf{x}(\lambda)$ تتموضع على المستقيم. إذا تعامد الشعاعين $\mathbf{z} - \mathbf{x}(\lambda)$ و $\mathbf{v}$ يكون طول $\mathbf{z} - \mathbf{x}(\lambda)$ تماماً طول أقصر طريق من النقطة $(2,1)$ إلى المستقيم (انظر الشكل 3.8). سنحسب إذاً λ عن طريق حاصل الضرب القياسي:

$$0 = (\mathbf{z} - \mathbf{x}(\lambda)) \cdot \mathbf{v} = \left(\begin{pmatrix} 2 \\ 1 \end{pmatrix} - \begin{pmatrix} \lambda \\ 1 + \lambda \end{pmatrix} \right) \cdot \begin{pmatrix} 1 \\ 1 \end{pmatrix} = \begin{pmatrix} 2 - \lambda \\ 1 - 1 - \lambda \end{pmatrix} \cdot \begin{pmatrix} 1 \\ 1 \end{pmatrix} = 2 - \lambda - \lambda = 2 - 2\lambda.$$

هذه العملية تعطينا $\lambda = 1$ ولأجله يكون $\mathbf{x}(1) = \begin{pmatrix} 1 \\ 2 \end{pmatrix}$ شعاع المستقيم المطلوب. أخيراً نقوم بحساب طول الشعاع $\mathbf{z} - \mathbf{x}(1)$ عن طريق:

$$\left\| \begin{pmatrix} 2 \\ 1 \end{pmatrix} - \begin{pmatrix} 1 \\ 2 \end{pmatrix} \right\| = \left\| \begin{pmatrix} 1 \\ -1 \end{pmatrix} \right\| = \sqrt{2}.$$

تكون عندها المسافة بين النقطة $(2,1)$ والمستقيم تعادل $\sqrt{2}$.

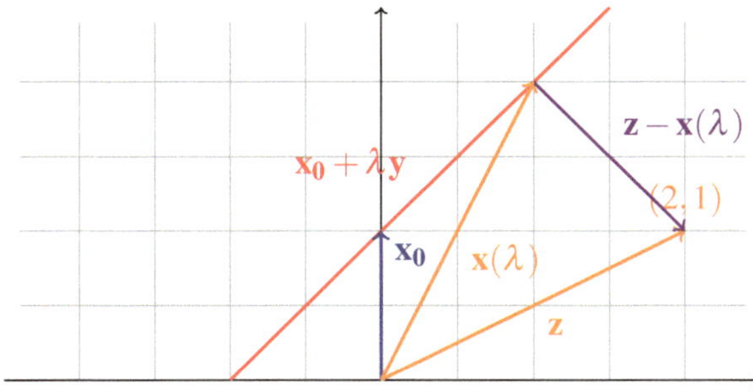

شكل 3.8: بُعد النقطة $(2,1)$ عن المستقيم محدّد بالشعاع $\mathbf{z} - \mathbf{x}(\lambda)$، والذي يقع على المستقيم بشكل عامودي.

3.6 Das Kreuzprodukt

Zum Abschluss wollen wir noch eine besondere Verknüpfung von dreidimensionalen Vektoren kennenlernen, das Kreuzprodukt.

Definition 3.14 Es seien $\mathbf{x}, \mathbf{y}$ zwei Vektoren des $\mathbb{R}^3$ mit Einträgen x_1, x_2, x_3, bzw. y_1, y_2, y_3. Das *Kreuzprodukt* $\mathbf{x} \times \mathbf{y}$ ist dann definiert als

$$\mathbf{x} \times \mathbf{y} = \begin{pmatrix} x_2 y_3 - x_3 y_2 \\ x_3 y_1 - x_1 y_3 \\ x_1 y_2 - x_2 y_1 \end{pmatrix}.$$

Geometrisch definiert das Kreuzprodukt $\mathbf{x} \times \mathbf{y}$ einen Vektor, der orthogonal auf der von $\mathbf{x}$ und $\mathbf{y}$ aufgespannten Ebene steht, das heißt $(\mathbf{x} \times \mathbf{y}) \cdot \mathbf{x} = 0$ und $(\mathbf{x} \times \mathbf{y}) \cdot \mathbf{y} = 0$. Die Länge des Kreuzprodukts entspricht genau dem Flächeninhalt des Parallelogramms, das von $\mathbf{x}$ und $\mathbf{y}$ aufgespannt wird. Insbesondere können wir also mit dem Kreuzprodukt zu einem gegebenen Vektor einen orthogonalen Vektor konstruieren.

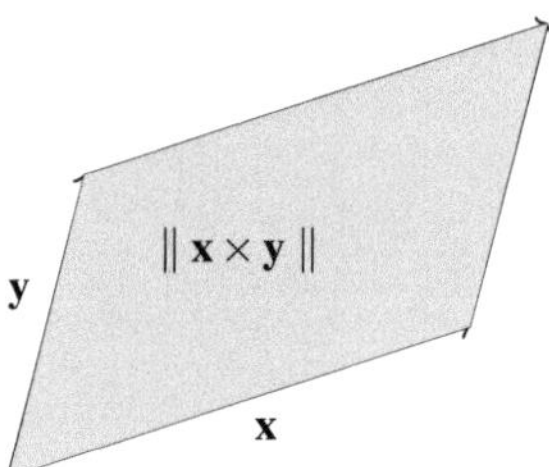

Abb. 3.9: Das von $\mathbf{x}$ und $\mathbf{y}$ aufgespannte Parallelogramm hat den Flächeninhalt $\| \mathbf{x} \times \mathbf{y} \|$.

Beispiel 3.15 Es sei $\mathbf{x} = \begin{pmatrix} 3 \\ 2 \\ 1 \end{pmatrix}$ ein Vektor des $\mathbb{R}^3$. Dann ist zum Beispiel

$$\mathbf{x} \times \begin{pmatrix} 1 \\ 0 \\ 0 \end{pmatrix} = \begin{pmatrix} 0 \\ 1 \\ -2 \end{pmatrix}$$

ein Vektor, der orthogonal auf $\mathbf{x}$ steht.

Bemerkung 3.16 Das Kreuzprodukt ist nur für Vektoren des $\mathbb{R}^3$ definiert. Für andere Dimensionen gibt es zwar Verallgemeinerungen des Kreuzprodukts, diese sollen hier aber nicht behandelt werden.

3.6 الضرب التقاطعي – (eng. Cross Product)

نهايةً نريد التعرّف على عملية خاصة بين الأشعّة ثلاثية الأبعاد، ألا وهي الضرب التقاطعي.

تعريف 3.14 ليكن لدينا $\mathbf{x}\,\mathbf{y}$ شعاعين في $\mathbb{R}^3$ يحتويان العناصر y_1,y_2,y_3، x_1,x_2,x_3 على التوالي. نعرّف عملية الضرب التقاطعي بينهما $\mathbf{x}\times\mathbf{y}$ على الشكل التالي:

$$\mathbf{x}\times\mathbf{y} = \begin{pmatrix} x_2 y_3 - x_3 y_2 \\ x_3 y_1 - x_1 y_3 \\ x_1 y_2 - x_2 y_1 \end{pmatrix}.$$

هندسياً يعرّف الضرب التقاطعي $\mathbf{x}\times\mathbf{y}$ شعاعاً عامودياً على المستوي الممتد بين الشعاعين $\mathbf{x}$ و $\mathbf{y}$، أي أنه $(\mathbf{x}\times\mathbf{y})\cdot\mathbf{x} = 0$ و $(\mathbf{x}\times\mathbf{y})\cdot\mathbf{y} = 0$. طول الشعاع الناتج عن الضرب التقاطعي يساوي تماماً مساحة متوازي الأضلاع المحدد من قبل $\mathbf{x}$ و $\mathbf{y}$. بشكل خاص يمكننا عن طريق حاصل الضرب التقاطعي لشعاع ما تكوين شعاع آخر يعامده.

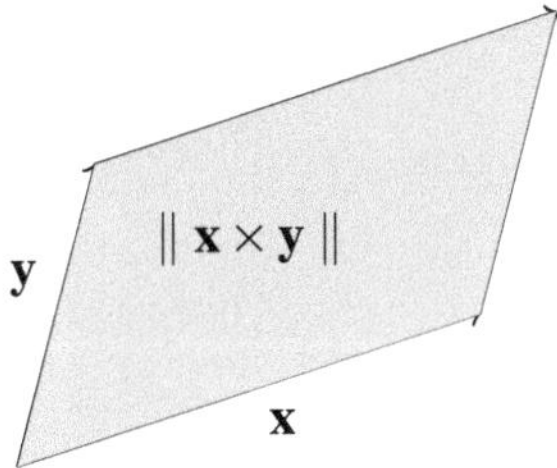

شكل 3.9: متوازي الأضلاع الممتد بين $\mathbf{x}$ و $\mathbf{y}$ يملك المساحة $\|\,\mathbf{x}\times\mathbf{y}\,\|$

مثال 3.15 ليكن $\mathbf{x} = \begin{pmatrix} 3 \\ 2 \\ 1 \end{pmatrix}$ شعاع في $\mathbb{R}^3$. عندها يكون ناتج الضرب التقاطعي

$$\mathbf{x}\times\begin{pmatrix} 1 \\ 0 \\ 0 \end{pmatrix} = \begin{pmatrix} 0 \\ 1 \\ -2 \end{pmatrix}$$

شعاعاً عامودياً على $\mathbf{x}$.

ملاحظة 3.16 الضرب التقاطعي معرّف فقط من أجل الأشعّة في $\mathbb{R}^3$. بالرغم من وجود تعميمات للضرب التقاطعي من أجل الأبعاد الأخرى، ولكننا لن نتطرّق لها هنا.

3.7 Aufgaben

Aufgabe 3.1 Es seien

$$\mathbf{x} = \begin{pmatrix} 2 \\ 3 \\ 4 \end{pmatrix}, \quad \mathbf{y} = \begin{pmatrix} 1 \\ -1 \\ 1 \end{pmatrix}$$

zwei Vektoren des $\mathbb{R}^3$. Führen Sie folgende Rechnungen durch

1. $2\mathbf{x} + 3\mathbf{y} + \frac{1}{2}\mathbf{x}$
2. $3\mathbf{x} \cdot \mathbf{y}, \quad 3(\mathbf{x} \cdot \mathbf{y})$
3. $\cos(\alpha)$, wobei α der Winkel zwischen $\mathbf{x}$ und $\mathbf{y}$ ist.
4. $\mathbf{x} \times \mathbf{y}, \quad \mathbf{y} \times \mathbf{x}$
5. $(\mathbf{x} - \mathbf{y}) \cdot (\mathbf{x} \times \mathbf{y})$

Aufgabe 3.2 Finden Sie einen Vektor des $\mathbb{R}^2$ bzw. $\mathbb{R}^3$, der orthogonal auf

1. $\begin{pmatrix} 2 \\ 7 \end{pmatrix}$
2. $\begin{pmatrix} 0 \\ 1 \\ 2 \end{pmatrix}$
3. $\begin{pmatrix} -3 \\ 2 \\ 5 \end{pmatrix}$ und $\begin{pmatrix} -1 \\ 3 \\ 0 \end{pmatrix}$

steht.

Aufgabe 3.3 Es seien

$$\mathbf{x} = \begin{pmatrix} 3 \\ 1 \end{pmatrix}, \quad \mathbf{y} = \begin{pmatrix} 0.5 \\ 2 \end{pmatrix}$$

zwei Vektoren des $\mathbb{R}^2$. Berechnen Sie die Länge des rot markierten Vektors.

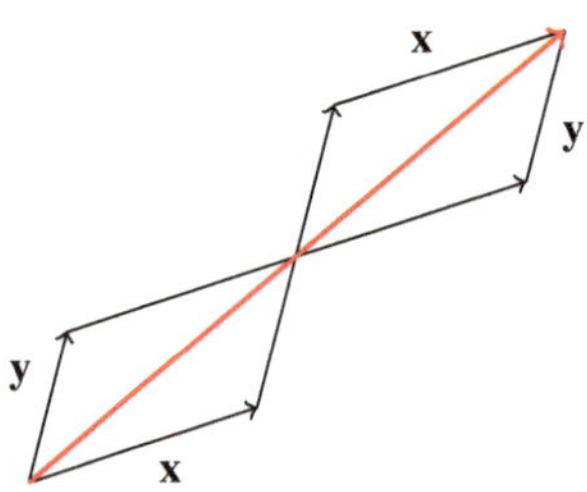

Abb. 3.10: Berechnen Sie die Länge des rotmarkierten Vektors

3.7 التمارين

تمرين 3.1 ليكن الشعاعان

$$\mathbf{x} = \begin{pmatrix} 2 \\ 3 \\ 4 \end{pmatrix}, \quad \mathbf{y} = \begin{pmatrix} 1 \\ -1 \\ 1 \end{pmatrix}$$

شعاعين في $\mathbb{R}^3$. أجري الحسابات التالية:

1. $2\mathbf{x} + 3\mathbf{y} + \frac{1}{2}\mathbf{x}$
2. $3\mathbf{x}\cdot\mathbf{y}$، $3(\mathbf{x}\cdot\mathbf{y})$
3. $\cos(\alpha)$، حيث α الزاوية بين $\mathbf{x}$ و $\mathbf{y}$.
4. $\mathbf{x}\times\mathbf{y}$، $\mathbf{y}\times\mathbf{x}$
5. $(\mathbf{x}-\mathbf{y})\cdot(\mathbf{x}\times\mathbf{y})$

تمرين 3.2 جد لكل من الأشعّة التالية شعاعاً في $\mathbb{R}^2$ أو $\mathbb{R}^3$ يعامدها:

1. $\begin{pmatrix} 2 \\ 7 \end{pmatrix}$

2. $\begin{pmatrix} 0 \\ 1 \\ 2 \end{pmatrix}$

3. $\begin{pmatrix} -3 \\ 2 \\ 5 \end{pmatrix}$ و $\begin{pmatrix} -1 \\ 3 \\ 0 \end{pmatrix}$

تمرين 3.3 ليكن الشعاعان

$$\mathbf{x} = \begin{pmatrix} 3 \\ 1 \end{pmatrix}, \quad \mathbf{y} = \begin{pmatrix} 0.5 \\ 2 \end{pmatrix}$$

شعاعين في $\mathbb{R}^2$. احسب طول الشعاع الأحمر:

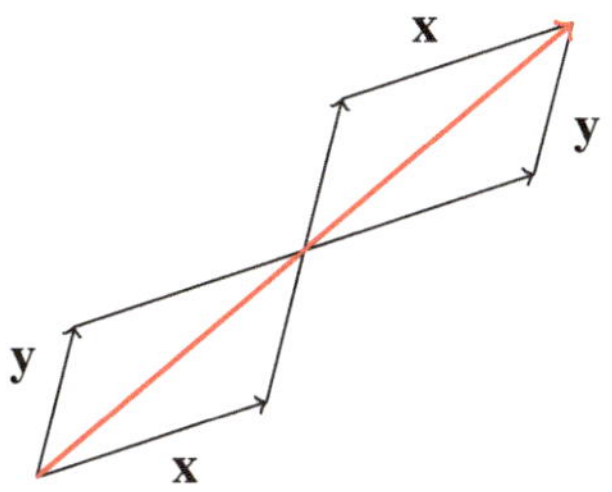

شكل 3.10: احسب طول الشعاع الأحمر.

4 Geometrie

Zusammenfassung In diesem Kapitel wollen wir uns mit Flächeninhalten und Volumina von zwei- oder dreidimensionalen Objekten beschäftigen. Es wird ein Überblick über wichtige Figuren und Körper gegeben, aus denen dann allgemeinere Objekte zusammengesetzt werden können, um so deren Flächeninhalte oder Volumina zu berechnen. Wir beginnen hier mit den Flächeninhalten zweidimensionaler Objekte, mit einem besonderen Augenmerk auf den Dreiecken, und gehen dann zu den dreidimensionalen Körpern und ihren Volumina über.

4.1 Vierecke

Sei M ein Rechteck gegeben mit den Seitenlängen a und b, dann ist der Flächeninhalt (oft wegen dem englischen „Area" A genannt) von M gegeben durch $A = ab$.

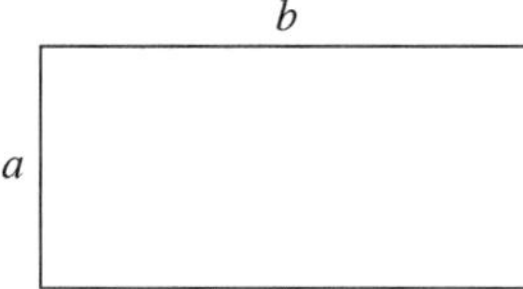

Abb. 4.1: Der Flächeninhalt eines Rechtecks: $A = ab$.

Ist hier $a = b$, sind also alle Seiten gleich lang, so nennen wir das Rechteck *Quadrat*. Ähnlich lässt sich der Flächeninhalt eines Parallelogramms berechnen: Ist M ein Parallelogramm mit Grundseite a und Höhe h, so berechnet sich der Flächeninhalt durch Abschneiden einer Ecke und Zusammenkleben zu einem Rechteck zu $A = ah$.

© Springer-Verlag GmbH Deutschland, ein Teil von Springer Nature 2018
M. Weber, *Basiswissen Mathematik auf Arabisch und Deutsch –*
أساسيات في الرياضيات باللغتين العربية والألمانية, https://doi.org/10.1007/978-3-662-58071-4_4

4 الهندسة

ملخص في هذا الفصل نريد الاطّلاع على مساحات وأحجام الأجسام ثنائية أو ثلاثية الأبعاد. سنلقي نظرة عامة على بعض الأشكال والأجسام المهمة، والتي يمكن تركيب أجسام أخرى منها لتسهيل عملية حساب مساحاتها أو أحجامها. سنبدأ بمساحات الأجسام ثنائية الأبعاد، مع التركيز بشكل خاص على المثلثات، وسنذهب بعدها إلى الأجسام ثلاثية الأبعاد وأحجامها.

4.1 رباعيات الأضلاع

ليكن M مستطيل أطوال أضلاعه a و b، عندها تعطى مساحة هذا المستطيل بالعلاقة $A = ab$ (A من الكلمة الإنكليزية Area).

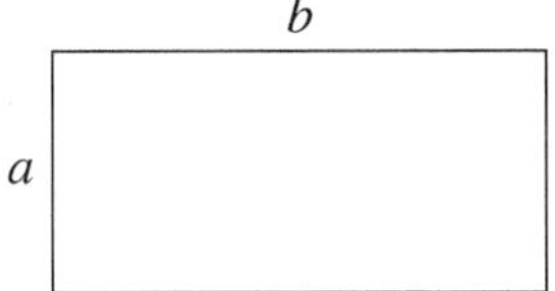

شكل 4.1: مساحة المستطيل $A = ab$.

إذا كانت $a = b$، أي إذا كانت جميع أطوال أضلاع المستطيل متساوية، نطلق عليه عندها اسم المربّع.

بشكل مشابه يمكن حساب مساحة متوازي الأضلاع: على اعتبار M متوازي أضلاع طول قاعدته a وله الارتفاع h، تحسب المساحة بقصّ الزاوية وإعادة تجميعها لتشكيل مستطيل. فتكون المساحة $A = ah$.

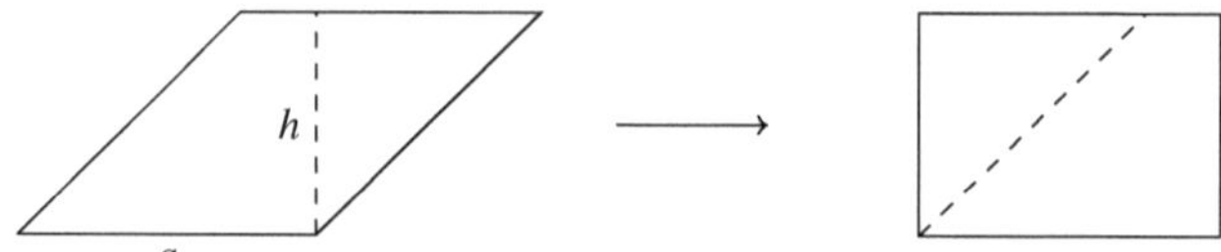

Abb. 4.2: Der Flächeninhalt eines Parallelogramms: $A = ah$.

Das Beispiel des Parallelogramms weist auf ein allgemeineres Prinzip hin, das *Prinzip von Cavalieri*. Es besagt, dass bei einer gegebenen Höhe h und Grundfläche a jede Figur den Flächeninhalt $A = ah$ hat, wenn jeder vertikale Querschnitt der Figur ebenfalls die Länge a hat.

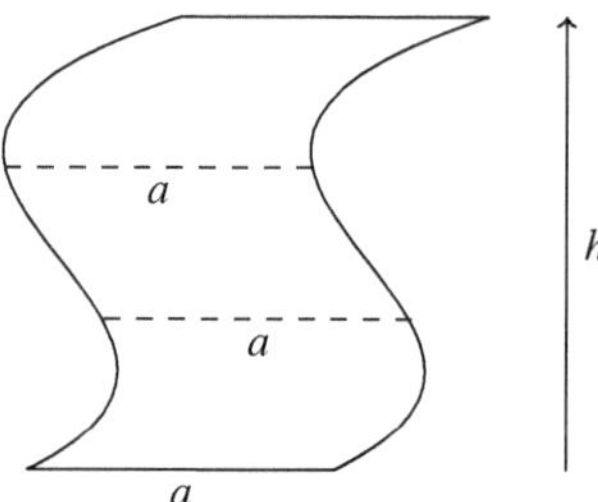

Abb. 4.3: Prinzip von Cavalieri liefert $A = ah$.

Hier sollte erwähnt werden, dass es in diesen Fällen natürlich immer darauf ankommt, die Höhe der Figur und nicht die Länge der Seiten zu kennen. Kennt man lediglich die Seiten, so ist es meist aufwändiger den Flächeninhalt einer solchen Figur zu bestimmen. Dies beendet bereits unsere Betrachtung der Vierecke, jetzt wollen wir uns den Dreiecken widmen.

4.2 Dreiecke

Ist eine Seite a und die Höhe h des Dreiecks bezüglich dieser Seite bekannt, so lässt sich der Flächeninhalt des Dreiecks durch Erweiterung zu einem Parallelogramm berechnen. Wir erhalten dann als Flächeninhalt $A = \frac{ah}{2}$.

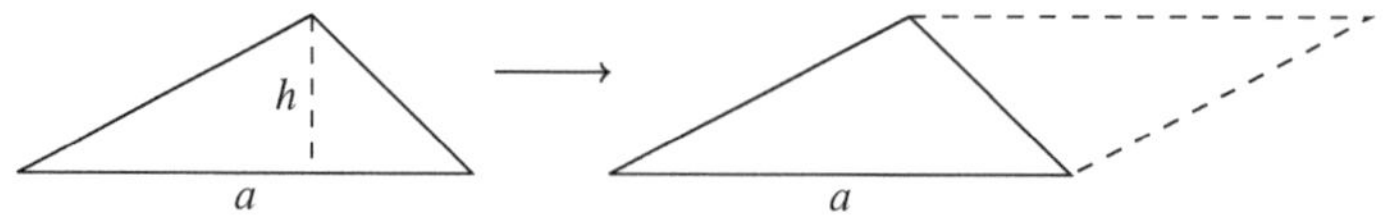

Abb. 4.4: Der Flächeninhalt eines Dreiecks: $A = \frac{ah}{2}$.

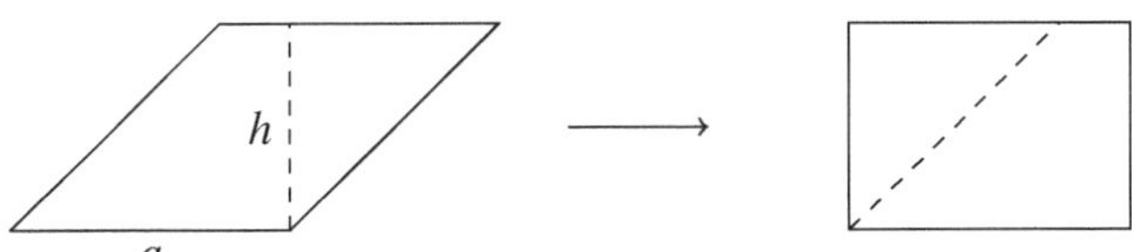

شكل 4.2: مساحة متوازي الأضلاع $A = ah$.

يوضّح لنا مثال متوازي الأضلاع مبدأً عاماً، وهو "مبدأ كافاليري" (eng. Cavalieri's Principle). هذا المبدأ ينصّ على أن مساحة أي شكل له الارتفاع h والقاعدة a تعطى بالعلاقة $A = ah$، بشرط كون طول قاعدة أي مقطع عرضي لهذا الشكل a أيضاً.

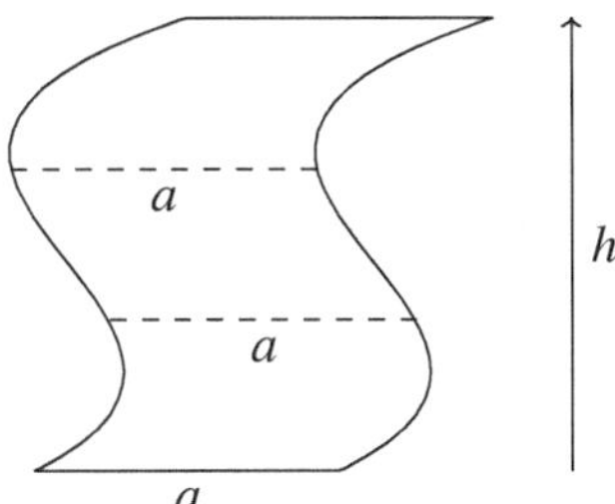

شكل 4.3: مبدأ كافاليري يعطي $A = ah$.

من الجدير هنا بالذكر، أنه في هذه الحالات من الضروري طبعاً معرفة ارتفاع الشكل وليس طول أضلاعه الجانبية. حيث إذا عرف فقط أطوال أضلاع الشكل فسيتطلب حساب مساحته مجهوداً أكبر. هنا تنتهي دراستنا للأشكال رباعية الأضلاع، سنتّجه الآن لدراسة المثلثات.

4.2 المثلثات

إذا عرف لمثلث طول ضلعه a والارتفاع h المتعلق به، يمكن عندها حساب مساحة هذا المثلث عن طريق تكملته إلى متوازي أضلاع. تعطى المساحة عندها بالعلاقة $A = \frac{ah}{2}$.

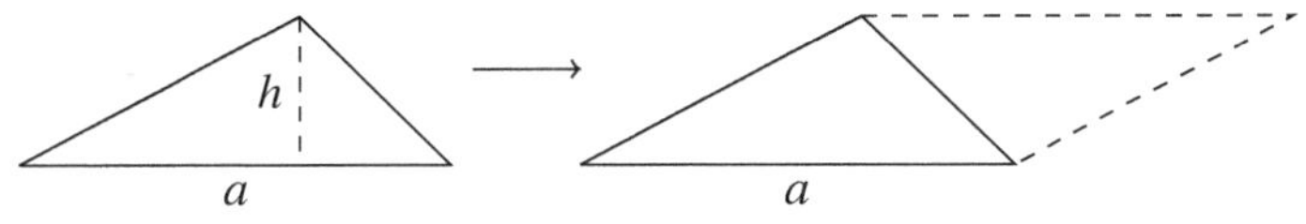

شكل 4.4: مساحة المثلث $A = \frac{ah}{2}$.

Sind statt der Höhe des Dreiecks weitere Seiten bekannt, so kann der Flächeninhalt bei Kenntnis einiger Winkel des Dreiecks berechnet werden. Auf diese Möglichkeiten wollen wir hier allerdings nicht eingehen. Einen Spezialfall von Dreiecken wollen wir hier noch untersuchen, die *rechtwinkligen* Dreiecke. Diese haben einen rechten Winkel, also einen Winkel, der genau 90° beträgt. Eine der Seiten (b) steht also orthogonal auf einer der anderen (a), sodass b auch eine Höhe des Dreiecks ist.

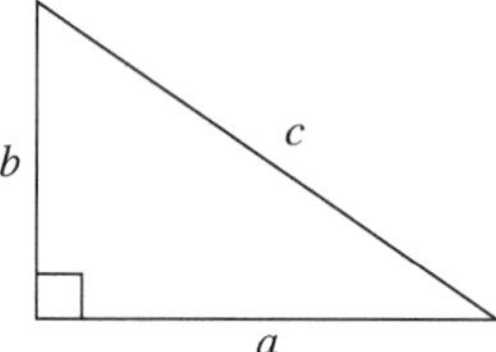

Abb. 4.5: Im Spezialfall $b = h : A = \frac{ab}{2}$.

In solchen Dreiecken haben wir eine einfache Möglichkeit, aus der Länge zweier Seiten die Länge der dritten zu bestimmen. Hier gilt nämlich der berühmte *Satz des Pythagoras*:

Satz 4.1 (Pythagoras) *In einem rechtwinkligen Dreieck gilt folgende Gleichung der Seitenlängen a, b, c:*

$$a^2 + b^2 = c^2$$

Hierbei ist c die Seite, die dem rechten Winkel gegenüberliegt.

So können wir also durch Auflösen der Gleichung nach einer Seitenlänge jede Seite aus den beiden anderen berechnen. Insbesondere können wir so den Flächeninhalt eines rechtwinkligen Dreiecks berechnen, auch wenn die Höhe des Dreiecks nicht bekannt ist (wenn beispielsweise nur a und c gegeben sind, b jedoch nicht).

Beispiel 4.2 Wir berechnen den Flächeninhalt des rechtwinklingen Dreiecks in Abbildung 4.6

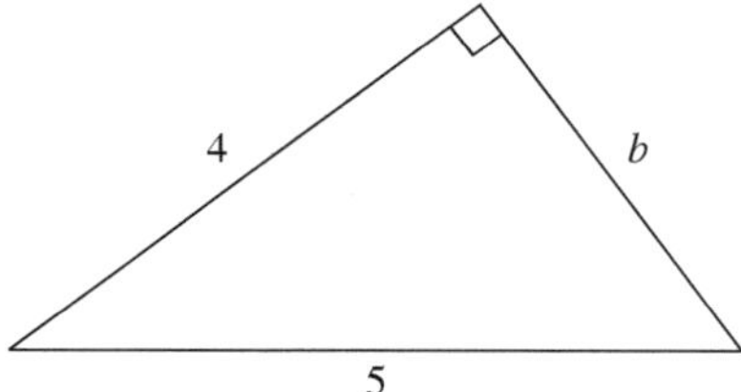

Abb. 4.6: Ein rechtwinkliges Dreieck.

Zunächst berechnen wir mit Hilfe des Satzes des Pythagoras die fehlende Seite b:

إذا عرف للمثلث بدلاً من ارتفاعه أطوال أضلاع أخرى، يمكن حينها حساب مساحته عند معرفة بعض زواياه. لكننا لن نتطرّق لهذه الحالة هنا. حالة خاصة سنتطرق إليها على أيّة حال هي المثلثات قائمة الزاوية. هذه المثلثات لها زاوية قائمة، أي زاوية تعادل تماماً $90°$. أحد أضلاع المثلث قائم الزاوية (b) يعامد أحد الأضلاع الأخرى (a)، حيث أن الضلع b هو أيضا ارتفاع لهذا المثلث.

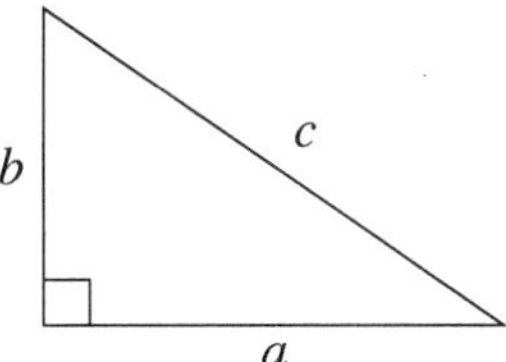

شكل 4.5: في حالة $b = h$ تعادل المساحة $A = \frac{ab}{2}$.

في هذا النوع من المثلثات يمكننا بسهولة عند معرفة طول ضلعين حساب طول الضلع الثالث. نحتاج عندها فقط لتطبيق نظرية فيثاغورث الشهيرة:

نظرية 4.1 (فيثاغورث) في مثلث قائم الزاوية تتحقق معادلة أطوال الأضلاع a, b, c التالية:

$$a^2 + b^2 = c^2$$

هنا تكون c وتر المثلث (الضلع المقابلة للزاوية القائمة).

هكذا يمكننا عند حل هذه المعادلة بتعويض طول ضلعين معيّنين حساب طول الضلع الثالث. يمكننا بصورة خاصة حساب مساحة مثلث قائم حتى عند جَهلِنا لارتفاعه (أي عند معرفة a و c فقط).

مثال 4.2 لنقوم بحساب مساحة المثلث القائم التالي:

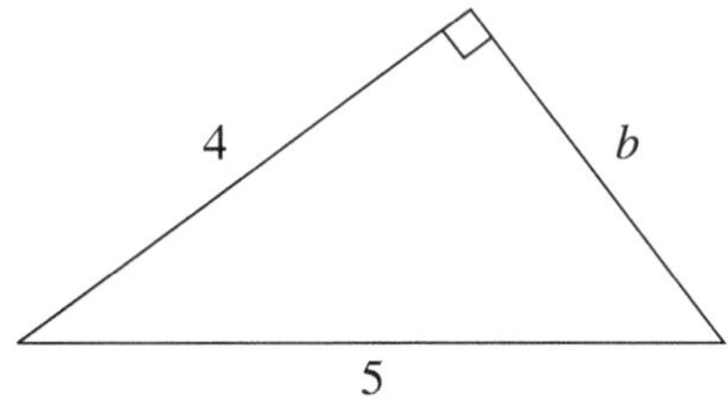

شكل 4.6: مثلث قائم الزاوية.

بدايةً نحسب بمساعدة نظرية فيثاغورث طول الضلع b:

$$b^2 + 4^2 = 5^2 \Leftrightarrow b^2 + 16 = 25$$
$$\Leftrightarrow b^2 = 9$$
$$\Leftrightarrow b = 3 \quad \text{denn } b \geq 0$$

Dann berechnet sich der Flächeninhalt zu

$$A = \frac{ab}{2} = \frac{12}{2} = 6.$$

4.3 Kreise

Als letzte grundlegende zweidimensionale Figur wollen wir noch den Kreis betrachten. Ein Kreis mit Radius r (bzw. Durchmesser $2r$) besitzt den Flächeninhalt $A = \pi r^2$; hier bezeichnet $\pi \approx 3,141529\ldots$ die *Kreiszahl* Pi.

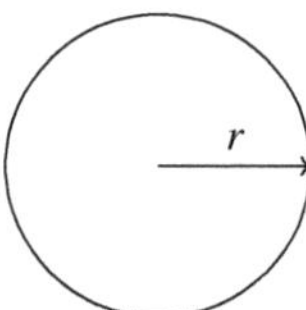

Abb. 4.7: Der Flächeninhalt eines Kreises: $A = \pi r^2$

4.4 Zusammengesetzte zweidimensionale Figuren

Die meisten Figuren lassen sich nun aus den besprochenen Formen zusammensetzen und so nacheinander berechnen.

Beispiel 4.3 Wir berechnen den Flächeninhalt der folgenden Figur:

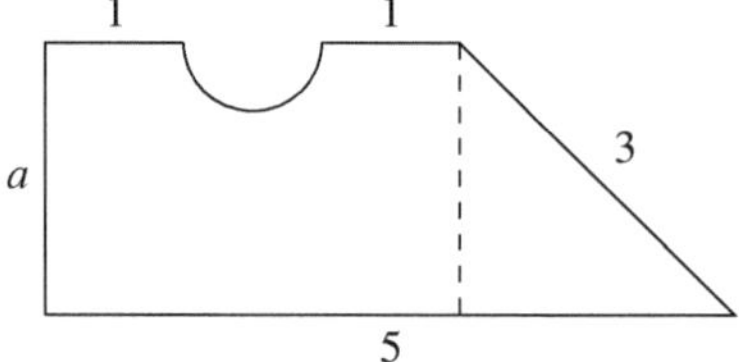

Abb. 4.8: Eine zusammengesetzte Figur

Wir zerlegen die Form an der gestrichelten Linie in ein Rechteck □ und ein rechtwinkliges

$$b^2 + 4^2 = 5^2 \Leftrightarrow b^2 + 16 = 25$$
$$\Leftrightarrow b^2 = 9$$
$$\Leftrightarrow b = 3 \quad (\text{لأنَّ } b \geq 0)$$

بعدها نحصل على المساحة كالتالي:

$$A = \frac{ab}{2} = \frac{12}{2} = 6.$$

4.3 الدائرة

آخر شكل ثنائي الأبعاد نود إلقاء الضوء عليه هو الدائرة. تمثل المعادلة $A = \pi r^2$ مساحة دائرة لها نصف القطر r (أو القطر $2r$) حيث أنَّ الرمز $\pi \approx 3,141529\ldots$ ويدعى "باي".

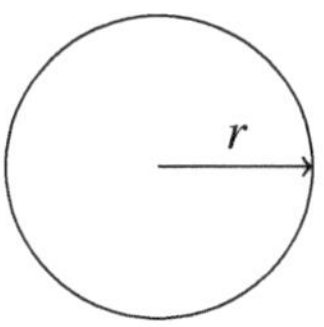

شكل 4.7: مساحة الدائرة $A = \pi r^2$.

4.4 الأشكال ثنائية الأبعاد المركّبة

غالبية الأشكال الأخرى يمكن تركيبها بواسطة الأشكال التي اطّلعنا عليها في الأعلى وبالتالي حساب مساحاتها اعتماداً على المعادلات التي ناقشناها.

مثال 4.3 لنحاول حساب مساحة هذا الشكل:

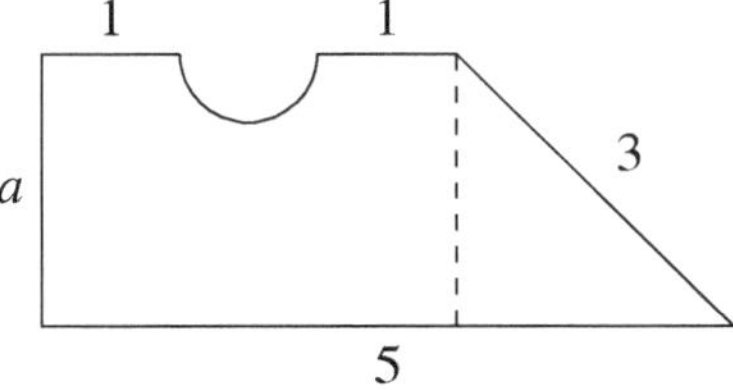

شكل 4.8: شكل مركّب.

Dreieck $\triangle$. Dann ziehen wir die Fläche des Halbkreises $\triangledown$ ab und erhalten die Fläche der gesamten Figur. Wir beginnen mit dem Dreieck: Ähnlich wie oben berechnen wir mit dem Satz des Pythagoras die Länge der unteren Seite $\sqrt{3^2 - a^2} = \sqrt{9 - a^2}$ und erhalten damit als Flächeninhalt:

$$A(\triangle) = \frac{a\sqrt{9 - a^2}}{2}.$$

Die untere Seite des Rechtecks hat damit Länge $5 - \sqrt{9 - a^2}$ und damit ist

$$A(\square) = 5a - a\sqrt{9 - a^2}.$$

Schließlich erhalten wir für den Halbkreis einen Durchmesser von $5 - \sqrt{9 - a^2} - 2 = 3 - \sqrt{9 - a^2}$ und somit hat der Halbkreis den Radius $\frac{3 - \sqrt{9 - a^2}}{2}$. Damit berechnet sich der Flächeninhalt zu

$$A(\triangledown) = \frac{\pi \left(\frac{3 - \sqrt{9 - a^2}}{2} \right)^2}{2}.$$

Insgesamt erhalten wir also für den Flächeninhalt A der gesamten Figur:

$$A = A(\triangle) + A(\square) - A(\triangledown) = 5a - \frac{a\sqrt{9 - a^2}}{2} - \frac{\pi \left(\frac{3 - \sqrt{9 - a^2}}{2} \right)^2}{2}.$$

Für $a = 2$ zum Beispiel erhalten wir also

$$A = 10 - \sqrt{5} - \frac{(14 - 6\sqrt{5})\pi}{8} \approx 7{,}53$$

als Flächeninhalt.

4.5 Quader und Zylinder

Wir wollen uns nun mit dreidimensionalen Figuren und ihrem Volumen beschäftigen. Das Volumen dieser Figuren bezeichnen wir häufig mit V.

Für einen Quader mit den Kantenlängen a, b, c gilt: $V = abc$. Dies können wir auch erhalten durch Multiplizieren der Grundfläche des Quaders $A = ac$ mit der Höhe b.

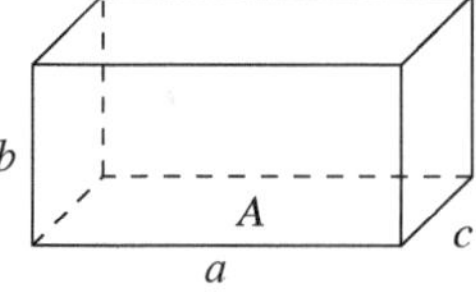

Abb. 4.9: Das Volumen eines Quaders: $V = abc$.

نجزّئ الشكل عند المستقيم المخطط إلى مستطيل ▭ ومثلث قائم الزاوية ◺.

ثم نقوم بحساب المساحتين وجمعهما مع طرح مساحة نصف الدائرة ▽ فنحصل على المساحة الكلّية للشكل.

لنبدأ بالمثلث: كما في الأعلى نقوم بمساعدة نظرية فيثاغورث بحساب طول ضلع المثلث السفلي $\sqrt{3^2 - a^2} = \sqrt{9 - a^2}$ فنحصل على مساحة المثلث كالتالي:

$$A(\triangle) = \frac{a\sqrt{9-a^2}}{2}.$$

طول الضلع السفلي للمستطيل إذاً هي $5 - \sqrt{9-a^2}$، لذلك تكون مساحة المستطيل:

$$A(\square) = 5a - a\sqrt{9-a^2}.$$

نهايةً نحصل على $3 - \sqrt{9-a^2} = 5 - \sqrt{9-a^2} - 2$ كقطر لنصف الدائرة وبالتالي يكون نصف القطر $\frac{3-\sqrt{9-a^2}}{2}$. تحسب عندها مساحة نصف الدائرة كالتالي:

$$A(\bigtriangledown) = \frac{\pi \left(\frac{3-\sqrt{9-a^2}}{2} \right)^2}{2}.$$

بالمجمل تكون المساحة الكلية A للشكل:

$$A = A(\triangle) + A(\square) - A(\bigtriangledown) = 5a - \frac{a\sqrt{9-a^2}}{2} - \frac{\pi \left(\frac{3-\sqrt{9-a^2}}{2} \right)^2}{2}.$$

نحصل مثلاً من أجل $a = 2$ على المساحة:

$$A = 10 - \sqrt{5} - \frac{(14 - 6\sqrt{5})\pi}{8} \approx 7{,}53$$

4.5 متوازي المستطيلات والأسطوانة

سنطّلع الآن على الأشكال ثلاثية الأبعاد وأحجامها. يرمز غالباً لحجم هذه الأشكال بـ V. من أجل متوازي مستطيلات أطوال حوافه a, b, c يكون $V = abc$، هذه المعادلة يمكننا الحصول عليها أيضاً من خلال ضرب مساحة القاعدة $A = ac$ بالارتفاع b.

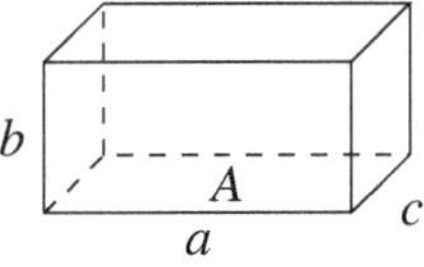

شكل 4.9: حجم متوازي المستطيلات $V = abc$.

Hier sieht man, dass jeder Querschnitt des Quaders wieder die Grundfläche A hat. Wir erhalten also eine dreidimensionale Form des *Prinzips von Cavalieri*: Haben wir eine Figur gegeben mit einer Grundfläche A und einer Höhe h und hat jeder Querschnitt der Figur ebenfalls Fläche A, so ist das Volumen des Körpers $V = Ah$:

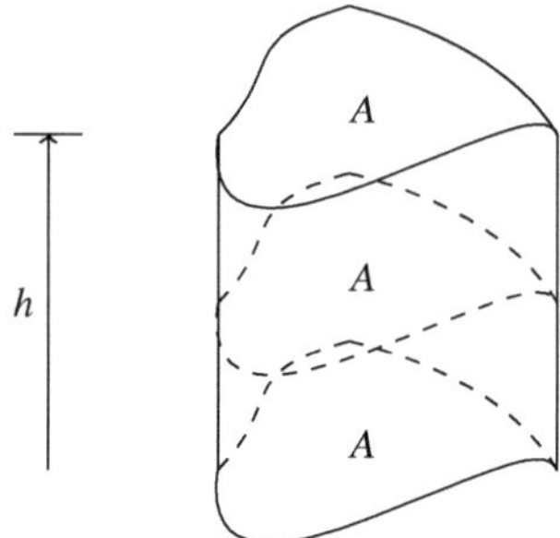

Abb. 4.10: Das Prinzip von Cavalieri liefert: $V = Ah$.

Können wir also für eine Figur die Höhe und die Fläche der Grundfläche bestimmen (mit den Methoden des vorigen Abschnitts), so lässt sich mit dem Prinzip von Cavalieri das Volmen bestimmen. Zum Beispiel errechnet sich so das Volumen eines Zylinders mit Höhe h und Radius r zu $V = \pi r^2 h$.

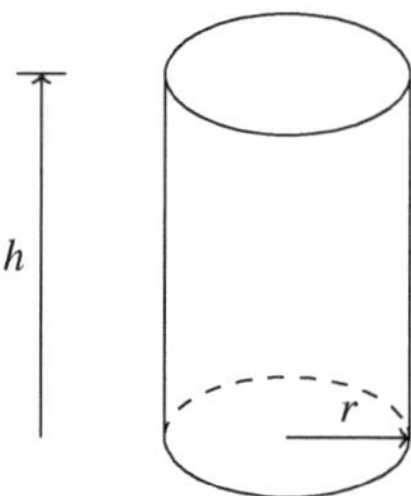

Abb. 4.11: Das Volumen eines Zylinders: $V = \pi r^2 h$

4.6 Pyramiden und Kegel

Ein weiterer Körper den wir uns anschauen wollen, ist die *Pyramide*. Diese muss im Allgemeinen keine quadratische Grundfläche haben; solange alle Kanten in einer bestimmten Höhe zusammenlaufen zu einer Spitze, können wir das Volumen einer solchen Pyramide

هنا نلاحظ أن لكل مقطع عرضي لمتوازي المستطيلات هذا مساحة القاعدة A نفسها. أي أننا نحصل على صيغة ثلاثية الأبعاد من مبدأ كافاليري: إذا كان لشكل مساحة قاعدة A وارتفاع h وكان لكل مقطع عرضي المساحة A نفسها، فيكون حجم هذا الشكل $V = Ah$:

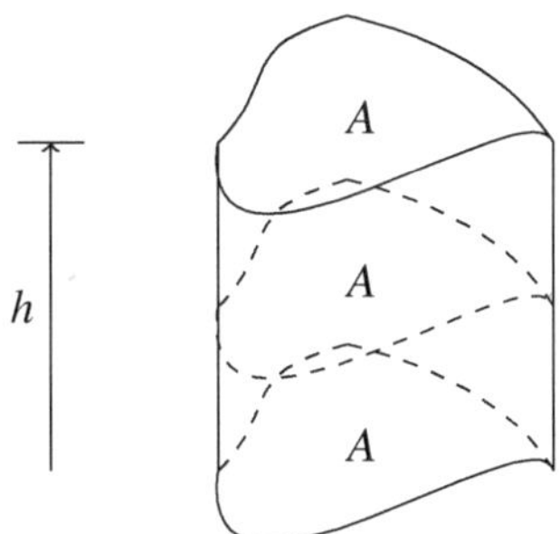

شكل 4.10: مبدأ كافاليري يعطي: $V = Ah$.

إذا استطعنا إذاً حساب ارتفاع ومساحة قاعدة جسم أو شكل ما (باستخدام الطرق السابقة)، يمكننا عندها حساب حجم هذا الشكل بالاعتماد على مبدأ كافاليري. على سبيل المثال يمكننا حساب حجم أسطوانة ارتفاعها h ونصف قطر قاعدتها r بالمعادلة $V = \pi r^2 h$.

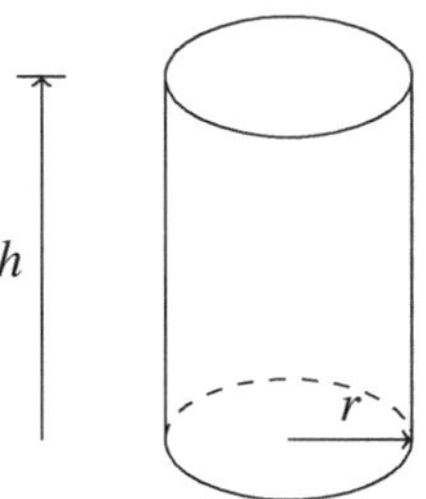

شكل 4.11: حجم الأسطوانة $V = \pi r^2 h$.

4.6 الأهرامات والمخروطات

جسم آخر نريد الاطّلاع عليه هو الهرم، هذا الجسم لا يملك بالضرورة قاعدة رباعية الأضلاع. طالما أنّ حواف الهرم تحافظ على طول مشترك معيّن إلى أن تجتمع بالذروة، نستطيع عندها حساب حجمه مباشرة عن طريق المعادلة $V = \frac{1}{3} Ah$، حيث أنّ h ارتفاع الهرم و A مساحة قاعدته.

direkt angeben als $V = \frac{1}{3}Ah$, hierbei ist h die Höhe der Pyramide und A der Flächeninhalt der Grundfläche.

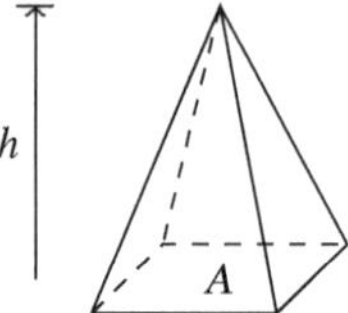

Abb. 4.12: Das Volumen einer Pyramide: $V = \frac{1}{3}Ah$

Diese Formel gilt also für *alle* Pyramiden, egal, wie genau die Grundfläche aussieht. Zum Beispiel beträgt also das Volumen eines Kegels (eine spezielle Pyramide mit einem Kreis als Grundfläche) mit unterem Radius r und Höhe h: $V = \frac{1}{3}\pi r^2 h$.

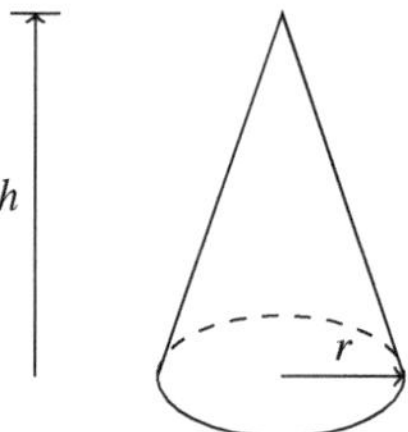

Abb. 4.13: Das Volumen eines Kegels: $V = \frac{1}{3}\pi r^2 h$

4.7 Kugeln

Als letztes geben wir noch die Volumenformel für die Kugel an. Für eine Kugel mit Radius r gilt: Das Volumen V der Kugel beträgt $V = \frac{4}{3}\pi r^3$.

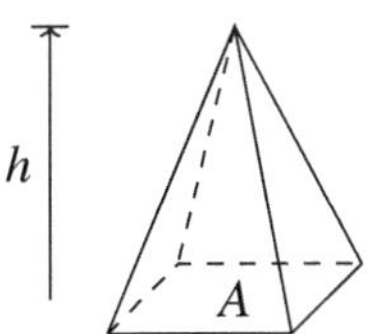

شكل 4.12: حجم الهرم $V = \frac{1}{3}Ah$.

تصلح هذه المعادلة إذاً لأيّ هرم، بغضّ النظر عن شكل قاعدته. يبلغ مثلاً حجم المخروط (هرم قاعدته دائرية) $V = \frac{1}{3}\pi r^2 h$، حيث أنّ r نصف قطر القاعدة و h الارتفاع.

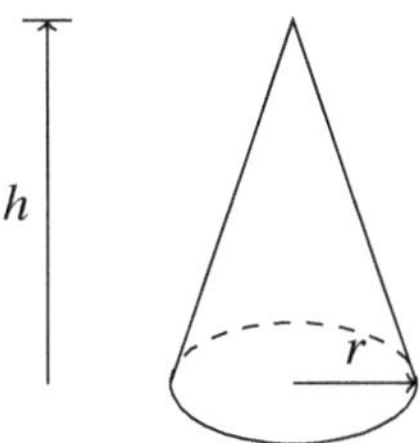

شكل 4.13: حجم المخروط $V = \frac{1}{3}\pi r^2 h$.

4.7 الكُرات

أخيراً سنعطي معادلة حساب حجم الكرة. من أجل كرة نصف قطرها r يكون حجمها يعادل $V = \frac{4}{3}\pi r^3$.

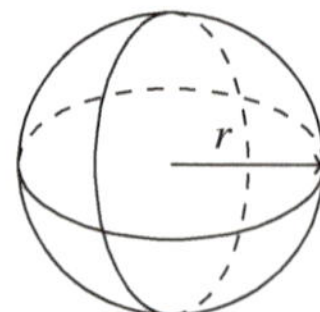

Abb. 4.14: Das Volumen einer Kugel: $V = \frac{4}{3}\pi r^3$

Mit diesen grundlegenden Körpern und Flächen lassen sich viele Flächeninhalte und Volumina von auch komplexeren Körpern bestimmen, indem man diese in behandelte Figuren oder Teile davon unterteilt.

4.8 Aufgaben

Aufgabe 4.1 Berechnen Sie den Flächeninhalt der rot eingefärbten Flächen.

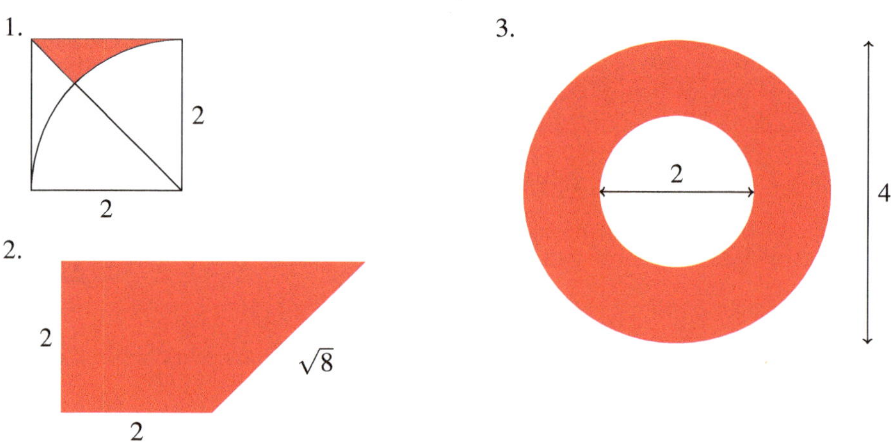

Aufgabe 4.2 Berechnen Sie das Volumen der folgenden Körper:

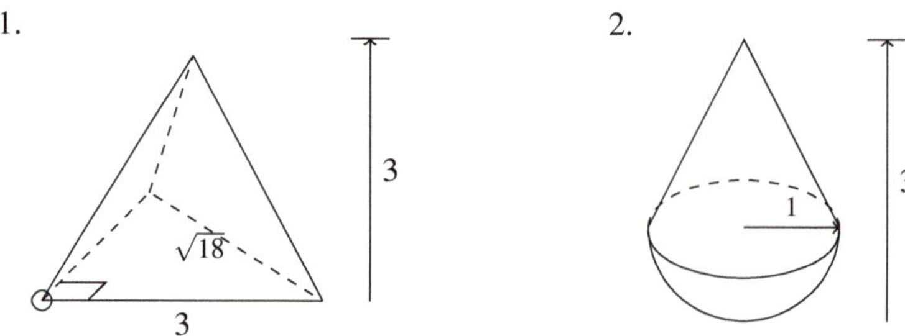

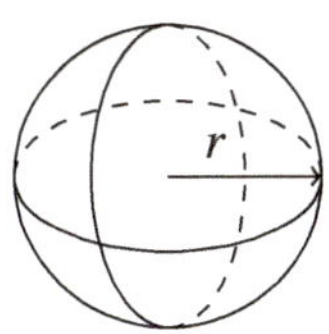

شكل 4.14: حجم الكرة $V = \frac{4}{3}\pi r^3$.

من خلال الأجسام والمساحات الأساسية التي سلّطنا الضوء عليها، يمكننا حساب العديد من مساحات وأحجام الأجسام الأكثر تعقيداً بعد أن نقوم بداية بتجزئتها إلى أشكال أكثر بساطة.

4.8 التمارين

تمرين 4.1 احسب مساحة السطوح الملوّنة بالأحمر:

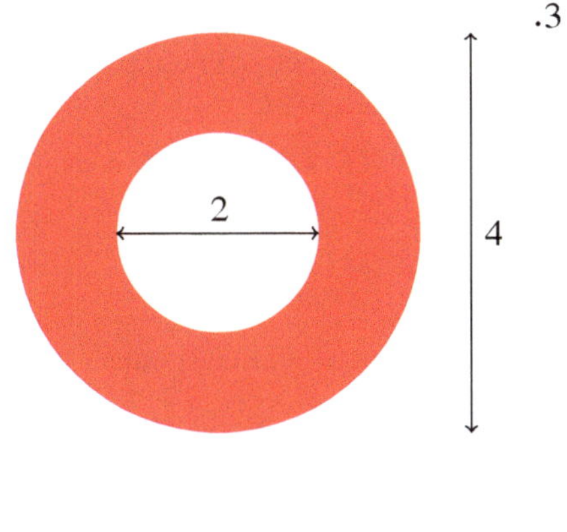

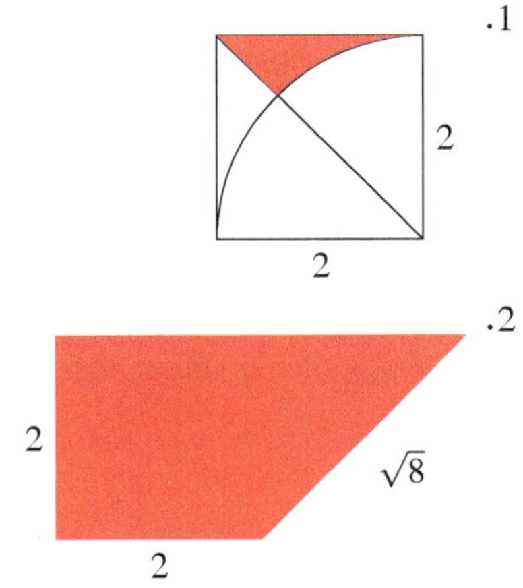

تمرين 4.2 احسب أحجام الأجسام التالية:

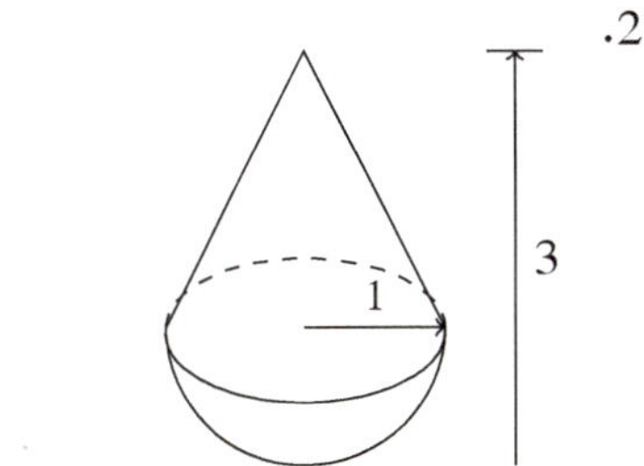

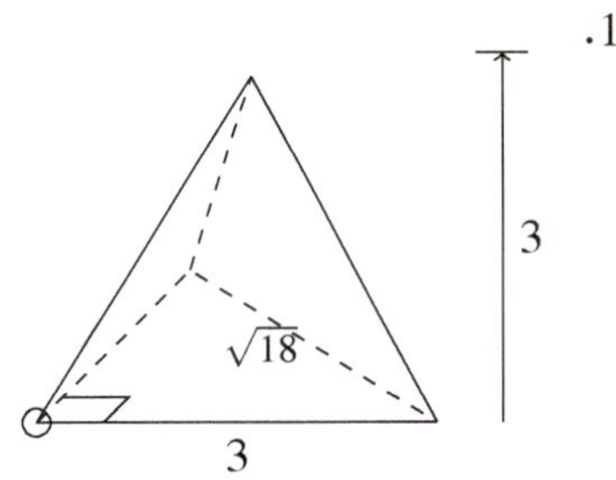

5 Funktionen und deren Graphen

Zusammenfassung Die Grundlage der Analysis bilden Funktionen und ihre zugehörigen Graphen. In diesem Kapitel möchten wir den Begriff einer *Funktion* auffrischen und uns einige Beispiele für Funktionen und deren Graphen anschauen.

Wir beginnen also mit der grundlegenden Frage: Was ist eine Funktion?

Definition 5.1 Sei $D \subset \mathbb{R}$. Wir nennen $f : D \to \mathbb{R}$ eine *Funktion*, falls für jedes $x \in D$ *genau ein* $f(x) \in \mathbb{R}$ *existiert. Die Menge* D *nennen wir Definitionsbereich.*

5.1 Polynome und rationale Funktionen

Wir präsentieren in diesem Abschnitt zunächst einige Klassen von Funktionen.

1. *Konstante Funktionen* sind Funktionen von der Form

$$f : \mathbb{R} \to \mathbb{R}, f(x) = c$$

für ein festes $c \in \mathbb{R}$.

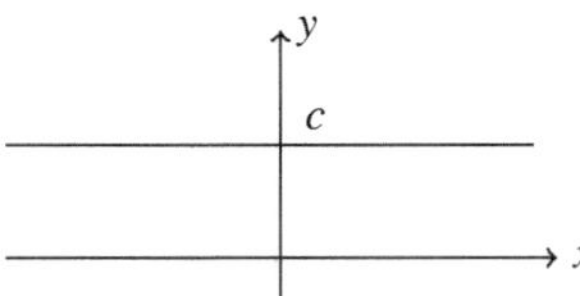

Abb. 5.1: Der Graph einer konstanten Funktion.

2. Eine *affin lineare Funktion* ist eine Funktion von der Form

$$f : \mathbb{R} \to \mathbb{R}, f(x) = ax + b$$

5 التوابع وخطوطها البيانية

ملخص : تعتبر التوابع وخطوطها البيانية أساس التحليل الرياضي، لذلك سنشرح في هذا الفصل معنى المصطلح "تابع" وسنستعرض بعض الأمثلة عن التوابع وخطوطها البيانية.

سنبدأ بالسؤال: ما هو التابع؟

تعريف 5.1 ليكن $D \subset \mathbb{R}$. نسمي $f : D \to \mathbb{R}$ "تابع"، إذا وجد لكل عنصر $x \in D$ "حل واحد فقط" $f(x) \in \mathbb{R}$. نسمي المجموعة D "مجموعة التعريف" .

5.1 كثيرات الحدود والتوابع الكسرية

سنستعرض في هذا الجزء بعض أنواع التوابع.

1. التوابع الثابتة: هي توابع من الشكل
$$f : \mathbb{R} \to \mathbb{R}, \, f(x) = c$$

من أجل مقدار ثابت $c \in \mathbb{R}$.

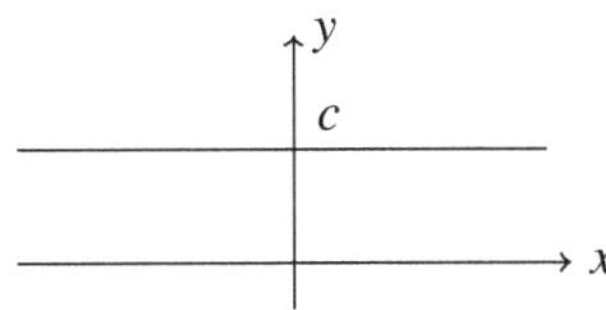

شكل 5.1: خط بياني لتابع ثابت.

2. التابع التآلفي: هو تابع من الشكل
$$f : \mathbb{R} \to \mathbb{R}, \, f(x) = ax + b$$

für $a, b \in \mathbb{R}$ mit *Steigung a*.

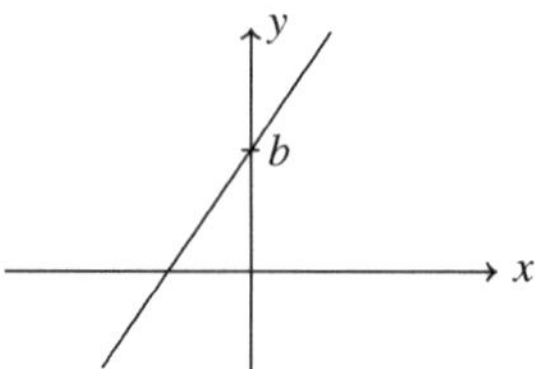

Abb. 5.2: Der Graph einer affin linearen Funktion.

3. Ein *Polynom* ist eine Funktion von der Form $f : \mathbb{R} \to \mathbb{R}$, $f(x) = a_n x^n + a_{n-1} x^{n-1} + \ldots + a_1 x + a_0$ für $a_0, \ldots, a_n \in \mathbb{R}$, $n \in \mathbb{N}$.

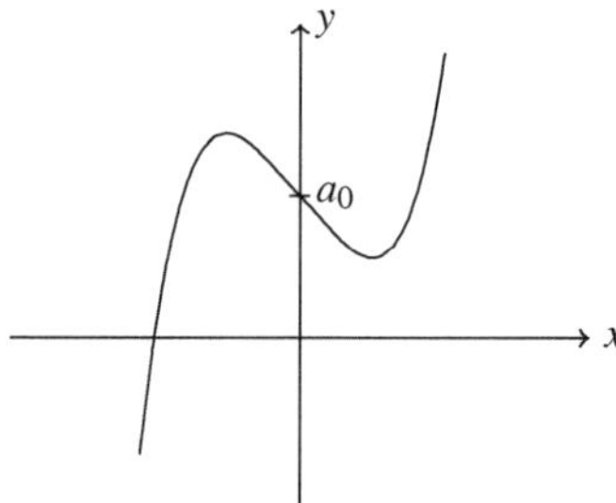

Abb. 5.3: Der Graph eines Polynoms.

4. Eine *rationale Funktion* ist eine Funktion von der Form $f : D \to \mathbb{R}$, $f(x) = \dfrac{p(x)}{q(x)}$, wobei p und q Polynome sind und $q(x) \neq 0$ für alle $x \in D$.

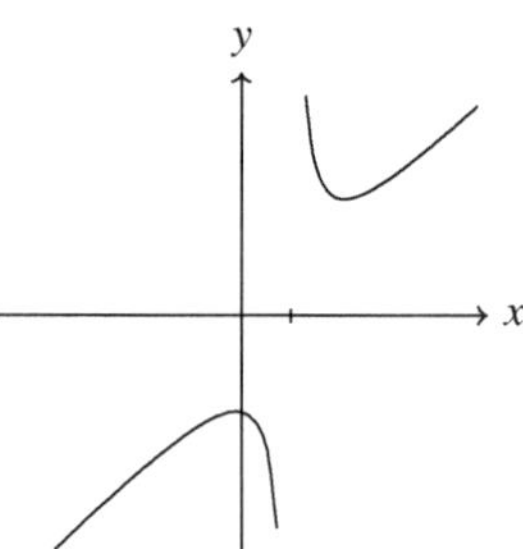

Abb. 5.4: Der Graph einer rationalen Funktion.

حيث $a, b \in \mathbb{R}$ و a هو "الميل".

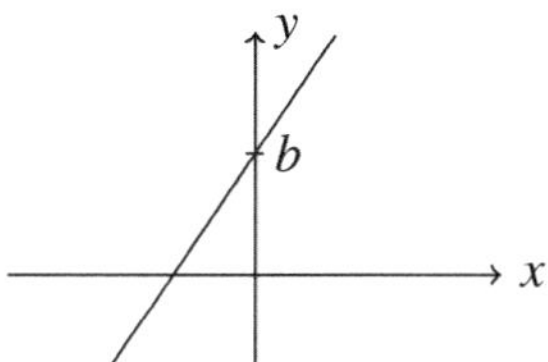

شكل 5.2: خط بياني لتابع تآلفي.

3. كثير الحدود: هو تابع من الشكل
$f : \mathbb{R} \to \mathbb{R}$, $f(x) = a_n x^n + a_{n-1} x^{n-1} + \ldots + a_1 x + a_0$ حيث $a_0, \ldots, a_n \in \mathbb{R}$ $n \in \mathbb{N}$.

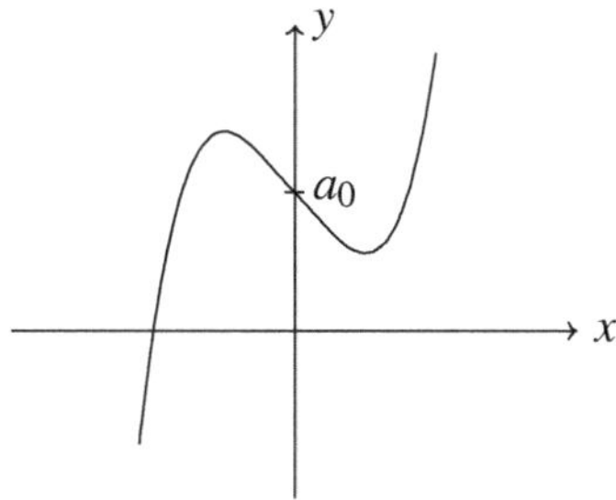

شكل 5.3: خط بياني لكثير حدود.

4. التابع الكسري: هو تابع من الشكل $f : D \to \mathbb{R}$, $f(x) = \dfrac{p(x)}{q(x)}$، حيث أنّ p و q كثيري حدود و $q(x) \neq 0$ من أجل أي قيمة للمتحول $x \in D$.

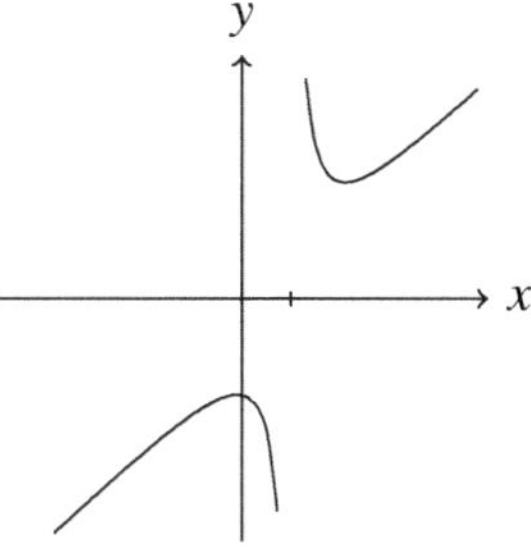

شكل 5.4: خط بياني لتابع كسري.

Wir kennen nun einige Prototypen von Funktionen. Im folgenden Beispiel schauen wir uns die Graphen einiger konkreter Funktionen an.

Beispiel 5.2 (Wichtige Graphen)

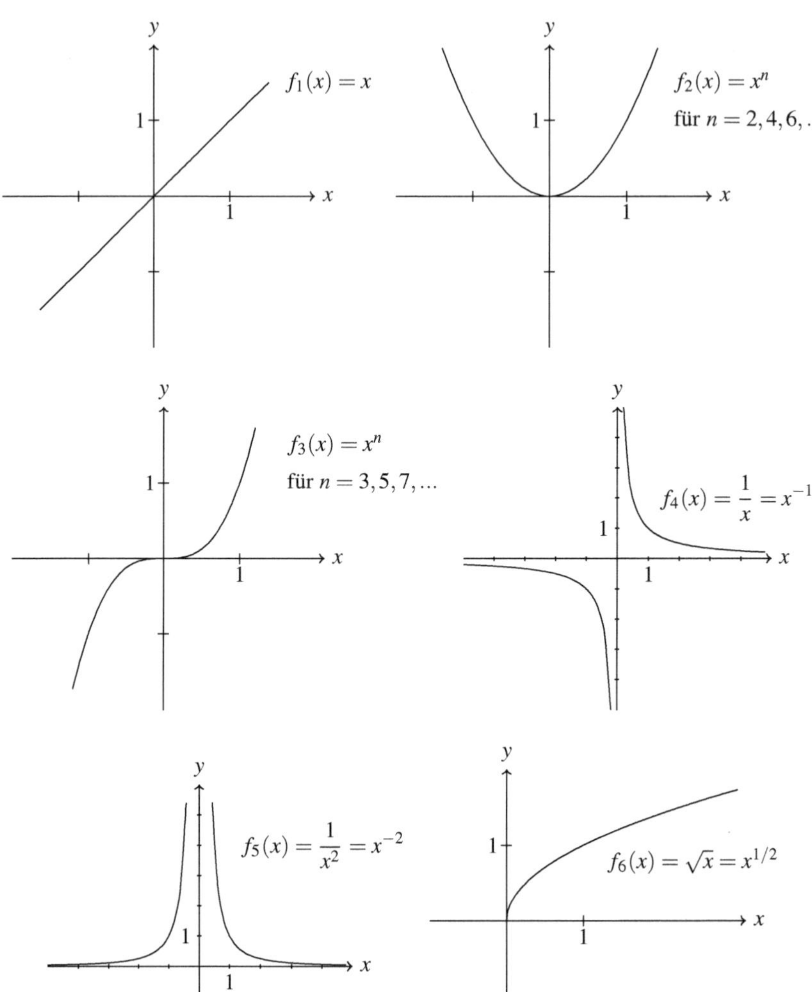

Abb. 5.5: Beispiele für Graphen von Funktionen.

تعرّفنا فيما سبق على بعض نماذج التوابع وفي المثال التالي سنستعرض الخطوط البيانية لبعض التوابع.

مثال 5.2 (خطوط بيانية مهمة)

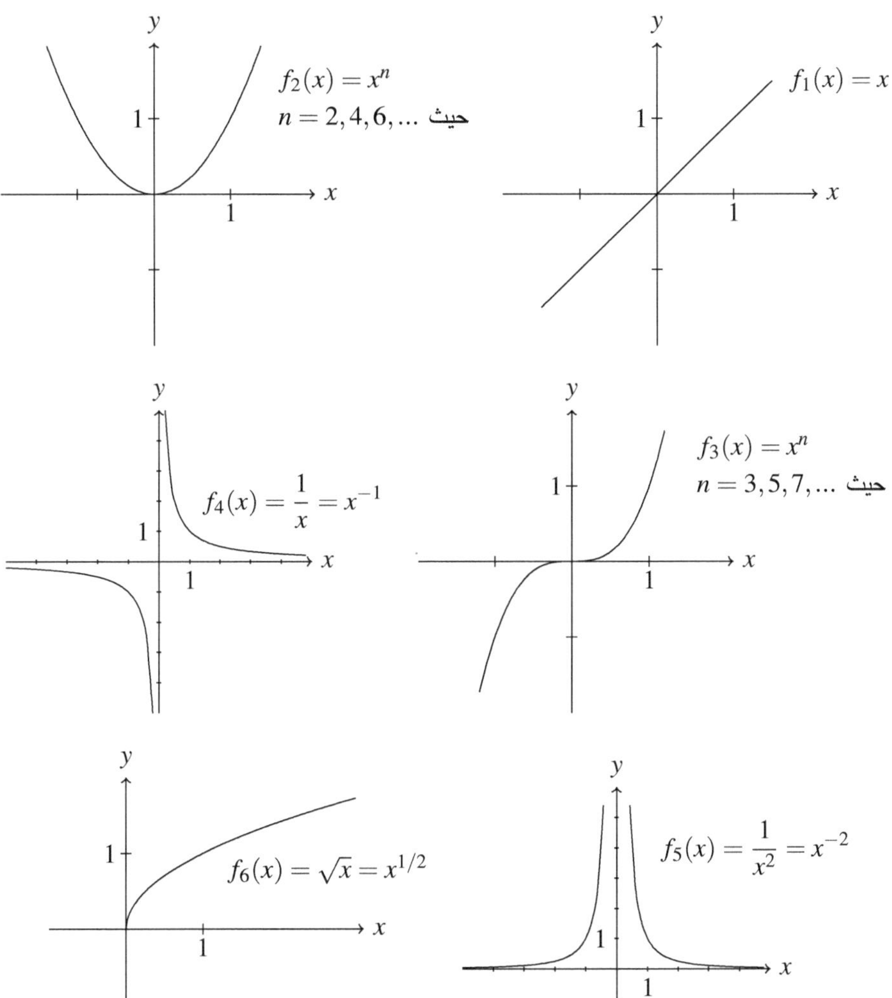

شكل 5.5: أمثلة على خطوط بيانية لبعض التوابع.

5.2 Verschiebung und Spiegelung von Graphen

Wir beschäftigen uns nun mit der Frage, wie man ausgehend von einer gegebenen Funktion eine Funktion konstruieren kann, deren Graph die Spiegelung/Verschiebung des Graphen der ursprünglichen Funktion ist.

Beispiel 5.3 Die folgende Abbildung zeigt, dass die Multiplikation einer Funktion mit (-1) einer Spiegelung des Graphen entlang der x-Achse entspricht.

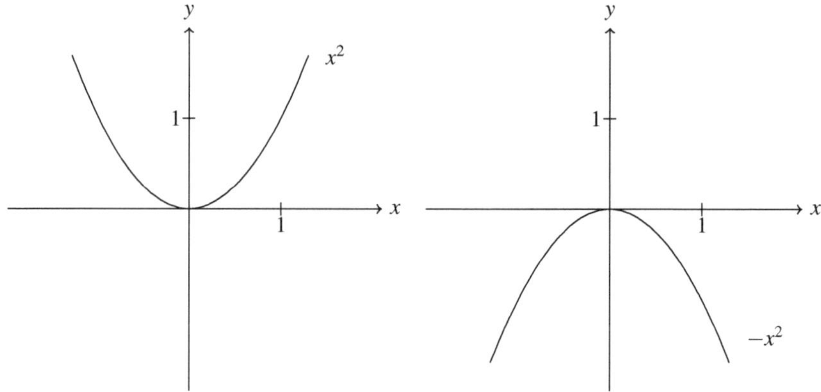

Abb. 5.6: Spiegelung eines Graphen entlang der x-Achse.

Beispiel 5.4 Die folgende Abbildung zeigt, dass die Funktion $f(-x)$ zu einer gegebenen Funktion $f(x)$ einer Spiegelung entlang der y-Achse entspricht.

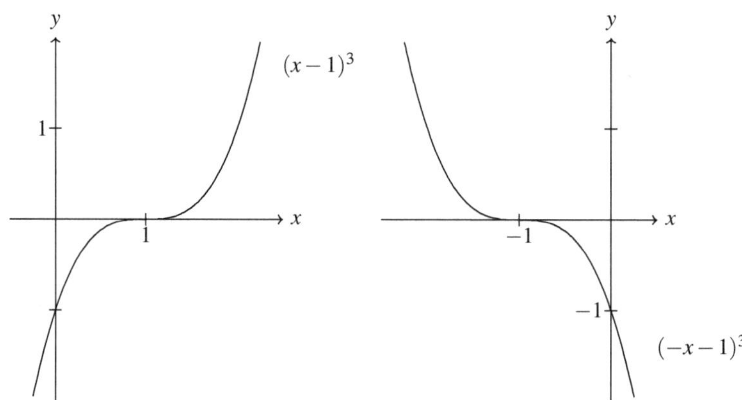

Abb. 5.7: Spiegelung eines Graphen entlang der y-Achse.

5.2 انسحاب وانعكاس الخطوط البيانية

سنبحث الآن في مسألة كيف يمكننا انطلاقاً من دالة معطاة إيجاد دالة أخرى بحيث أنّ خطها البياني هو انعكاس أو انسحاب الخط البياني للدالة الأصلية.

مثال 5.3 الشكل التالي يبيّن أنّ ضرب دالة بـ (-1) يكافئ انعكاساً لخطّها البياني بالنسبة للمحور x.

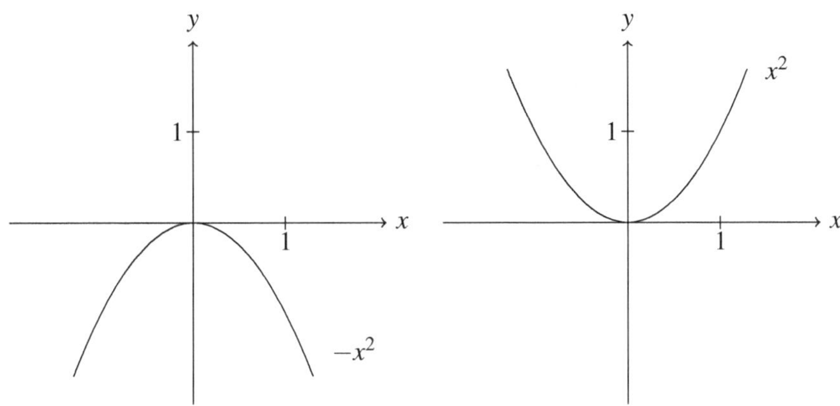

شكل 5.6: انعكاس الخط البياني بالنسبة للمحور x.

مثال 5.4 الشكل التالي يبيّن أنّ الدالة $f(-x)$ تكافئ انعكاساً للدالة المعطاة $f(x)$ بالنسبة للمحور y.

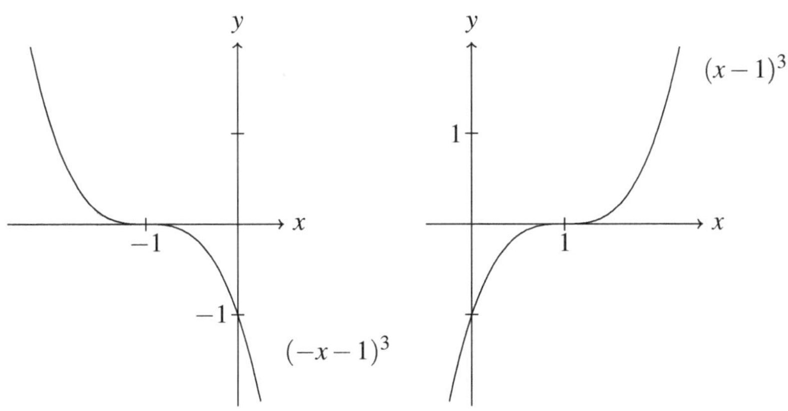

شكل 5.7: انعكاس الخط البياني بالنسبة للمحور y.

Bemerkung 5.5 (Spiegelungen) Es sei $f : D \to \mathbb{R}$ eine beliebige Funktion. Dann ist der Graph der Funktion $g(x) := -f(x)$ die Spiegelung des Graphen von f an der x-Achse und $h(x) := f(-x)$ die Spiegelung des Graphen von f an der y-Achse.

Beispiel 5.6 Die folgende Abbildung zeigt, dass die Addition einer Konstanten $c \in \mathbb{R}$ zu einer Funktion einer Verschiebung um c in y-Richtung entspricht.

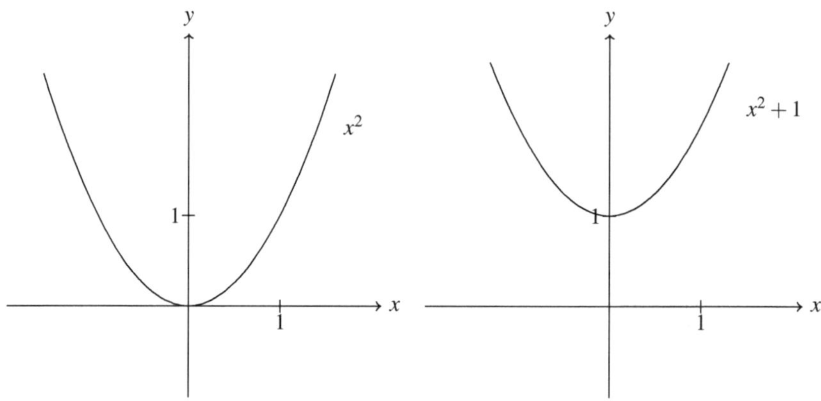

Abb. 5.8: Verschiebung eines Graphen in y-Richtung.

Beispiel 5.7 Die folgende Abbildung zeigt, dass die Funktion $f(x-c)$ einer Verschiebung um c in x-Richtung entspricht.

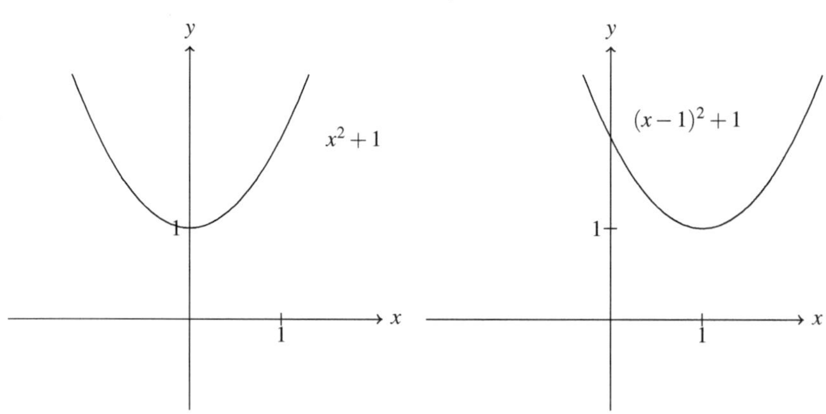

Abb. 5.9: Verschiebung eines Graphen in x-Richtung.

ملاحظة 5.5 (الانعكاس) لتكن $f : D \to \mathbb{R}$ دالة ما ولتكن $g(x) := -f(x)$، و $h(x) := f(-x)$ عندئذٍ يكون الخط البياني للدالة g انعكاساً للخط البياني للدالة f بالنسبة للمحور x ويكون الخط البياني للدالة h انعكاساً للخط البياني للدالة f بالنسبة للمحور y.

مثال 5.6 الشكل التالي يبيّن أنّ إضافة مقدار ثابت $c \in \mathbb{R}$ لدالة ما يكافئ انسحاباً بمقدار c على المحور y .

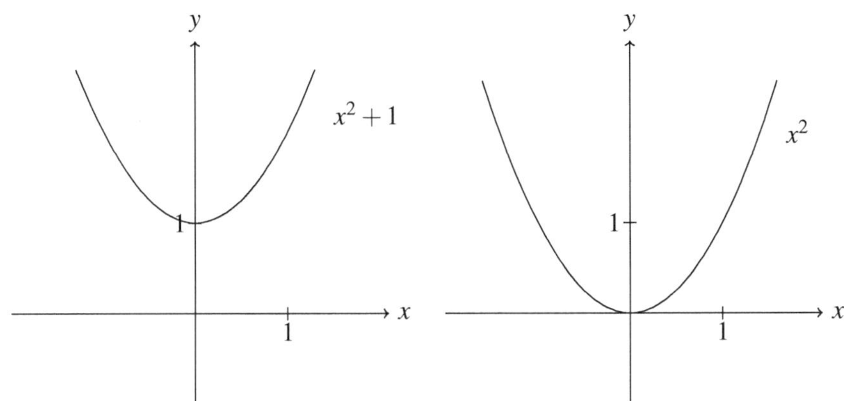

شكل 5.8: انسحاب الخط البياني على المحور y.

مثال 5.7 الشكل التالي يبيّن أنّ التابع $f(x - c)$ يكافئ انسحاباً بمقدار c على المحور x.

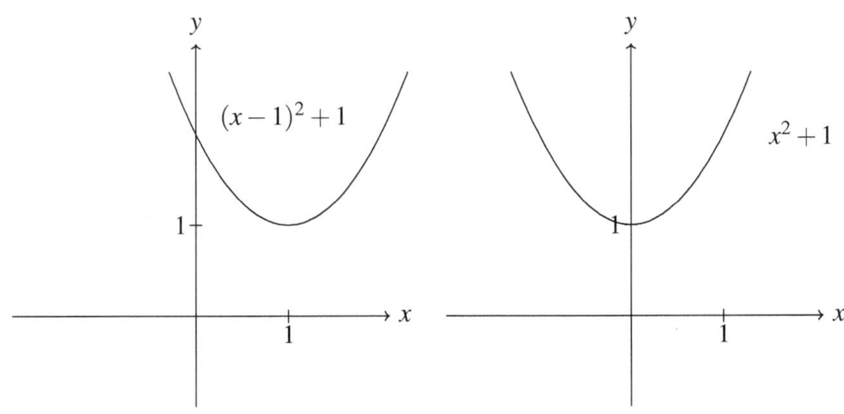

شكل 5.9: انسحاب الخط البياني على المحور x.

Achtung! Die obige Abbildung zeigt, dass die Funktion $f(x-1)$ einer Verschiebung von f um 1 nach *rechts* und nicht nach links entspricht, was der ersten Intuition vielleicht widersprechen mag.

Bemerkung 5.8 (Verschiebungen) Es sei $f : D \to \mathbb{R}$ eine beliebige Funktion und $c \in \mathbb{R}$. Dann ist der Graph der Funktion $g(x) := f(x) + c$ die Verschiebung des Graphen von f um c in y-Richtung, wobei dies im Fall $c > 0$ einer Verschiebung nach oben und im Fall $c < 0$ einer Verschiebung nach unten entspricht. Der Graph der Funktion $h(x) := f(x-c)$ ist die Verschiebung des Graphen von f um c in x-Richtung, wobei dies im Fall $c > 0$ einer Verschiebung nach rechts und im Fall $c < 0$ einer Verschiebung nach links entspricht.

5.2.1 Die Umkehrfunktion

Definition 5.9 (Umkehrfunktion) Es sei $f : D \to f(D)$ eine Funktion. Wir bezeichnen eine Funktion $g : f(D) \to D$ als *Umkehrfunktion von f*, falls $g \circ f : D \to D$ bzw. $f \circ g : f(D) \to f(D)$ der *Identität* entspricht, also

$$g(f(x)) = x$$

für alle $x \in D$ und

$$f(g(z)) = z$$

für alle $z \in f(D)$ gilt. Wir schreiben dann für die Umkehrfunktion meist f^{-1} statt g.

Beispiel 5.10

1. Die Umkehrfunktion zu $f : \mathbb{R}_{\geq 0} \to \mathbb{R}_{\geq 0}, f(x) = x^2$ ist gegeben durch $f^{-1} : \mathbb{R}_{\geq 0} \to \mathbb{R}_{\geq 0}, f^{-1}(x) = \sqrt{x}$, denn

$$f^{-1}(f(x)) = \sqrt{x^2} = x$$

für alle $x \geq 0$.

2. Die Umkehrfunktion zu $f : \mathbb{R} \setminus \{0\} \to \mathbb{R} \setminus \{0\}, f(x) = \dfrac{1}{x}$ ist gegeben durch $f^{-1} : \mathbb{R} \setminus \{0\} \to \mathbb{R} \setminus \{0\}, f^{-1}(x) = \dfrac{1}{x}$, denn

$$f^{-1}(f(x)) = \frac{1}{1/x} = x$$

für alle $x \neq 0$.

تنبيه: الشكل أعلاه يبيّن أنّ التابع $f(x-1)$ يكافئ انسحاباً للدالة f بمقدار 1 باتجاه "اليمين" وليس باتجاه اليسار والذي قد يبدو للوهلة الأولى عكس ذلك.

ملاحظة 5.8 (الانسحاب) لتكن $f : D \to \mathbb{R}$ دالة ما وليكن $c \in \mathbb{R}$. عندئذٍ يكون الخط البياني للدالة $g(x) := f(x) + c$ انسحاباً للخط البياني للدالة f بمقدار c على المحور y، ويكون هذا الانسحاب للأعلى عندما يكون $c > 0$ وللأسفل عندما يكون $c < 0$. كما يمثّل الخط البياني للدالة $h(x) := f(x-c)$ انسحاباً للخط البياني للدالة f بمقدار c على المحور x، ويكون هذا الانسحاب لليمين عندما يكون $c > 0$ ولليسار عندما يكون $c < 0$.

5.2.1 الدالة العكسيّة

تعريف 5.9 (الدالة العكسيّة): لتكن $f : D \to f(D)$ دالة ما، نسمي $g : f(D) \to D$ دالة عكسية للدالة f إذا كانت كلا الدالتين $g \circ f : D \to D$ ، $f \circ g : f(D) \to f(D)$ محايدتين، أي عندما تكون

$$g(f(x)) = x$$

من أجل أي قيمة لـ $x \in D$، وتكون

$$f(g(z)) = z$$

من أجل أي قيمة لـ $z \in f(D)$.
سنرمز للدالة العكسيّة غالباً بالرمز f^{-1} عوضاً عن g.

مثال 5.10

1. الدالة العكسيّة للدالة $f : \mathbb{R}_{\geq 0} \to \mathbb{R}_{\geq 0}, f(x) = x^2$
   تمثّل بالدالة $f^{-1} : \mathbb{R}_{\geq 0} \to \mathbb{R}_{\geq 0}, f^{-1}(x) = \sqrt{x}$، لأنّ

$$f^{-1}(f(x)) = \sqrt{x^2} = x$$

من أجل كل قيم $x \geq 0$.

2. الدالة العكسيّة للدالة $f : \mathbb{R} \setminus \{0\} \to \mathbb{R} \setminus \{0\}, f(x) = \dfrac{1}{x}$
   تمثّل بالدالة $f^{-1} : \mathbb{R} \setminus \{0\} \to \mathbb{R} \setminus \{0\}, f^{-1}(x) = \dfrac{1}{x}$، لأنّ

$$f^{-1}(f(x)) = \frac{1}{1/x} = x$$

من أجل كل قيم $x \neq 0$.

5.3 Trigonometrische Funktionen

In diesem Abschnitt schauen wir uns trigonometrische Funktionen und deren Eigenschaften an. Wir beginnen mit den Graphen der Funktionen $\sin : \mathbb{R} \to [-1,1]$ (Sinus) und $\cos : \mathbb{R} \to [-1,1]$ (Kosinus).

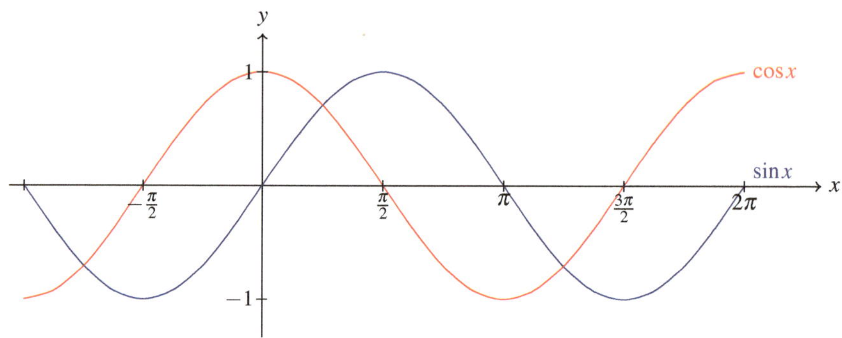

Abb. 5.10: Die Graphen von Sinus und Kosinus.

Bemerkung 5.11 Sinus und Kosinus haben die Eigenschaften

$$\begin{aligned}
\sin(-x) &= -\sin(x), & \cos(-x) &= \cos(x), \\
\sin(x+2\pi) &= \sin(x), & \cos(x+2\pi) &= \cos(x), \\
\sin(x+\pi) &= -\sin(x), & \cos(x+\pi) &= -\cos(x), \\
\sin\left(x+\frac{\pi}{2}\right) &= \cos(x), & \cos\left(x+\frac{\pi}{2}\right) &= -\sin(x)
\end{aligned}$$

für alle $x \in \mathbb{R}$. Desweiteren gilt

$$\sin^2(x) + \cos^2(x) = 1$$

für alle $x \in \mathbb{R}$.

Als weitere trigonometrische Funktion definiert man $\tan : D \to \mathbb{R}$ (Tangens) durch die Formel

$$\tan(x) = \frac{\sin(x)}{\cos(x)},$$

wobei $D = \mathbb{R} \setminus \left\{ (k+\frac{1}{2})\pi : k \in \mathbb{Z} \right\}$. Die Punkte, die im Definitionsbereich ausgeschlossen sind, sind genau die Nullstellen vom Kosinus.

5.3 التوابع المثلثية

في هذا القسم سنرى التوابع المثلثية وخواصها. سنبدأ مع الخطوط البيانية للتوابع $\sin : \mathbb{R} \to [-1,1]$ و $\cos : \mathbb{R} \to [-1,1]$.

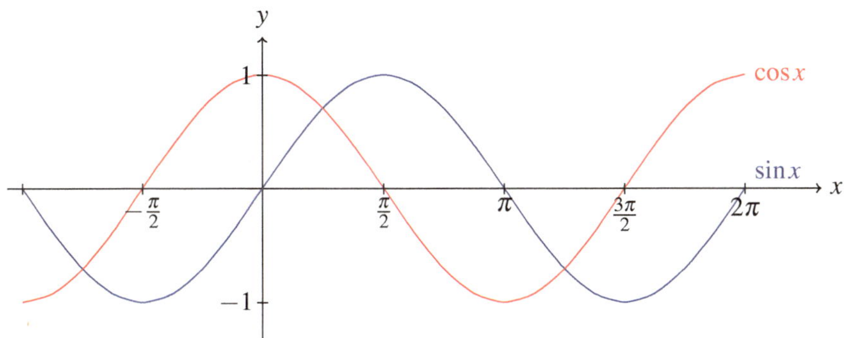

شكل 5.10: الخط البياني للدالتين sin و cos

ملاحظة 5.11 لكل من الدالتين sin و cos الخواص التالية:

$$\sin(-x) = -\sin(x) \qquad\qquad \cos(-x) = \cos(x)$$
$$\sin(x+2\pi) = \sin(x) \qquad\qquad \cos(x+2\pi) = \cos(x)$$
$$\sin(x+\pi) = -\sin(x) \qquad\qquad \cos(x+\pi) = -\cos(x)$$
$$\sin\left(x+\frac{\pi}{2}\right) = \cos(x) \qquad\qquad \cos\left(x+\frac{\pi}{2}\right) = -\sin(x)$$

من أجل أي قيمة لـ $x \in \mathbb{R}$. وعلاوةً على ذلك:

$$\sin^2(x) + \cos^2(x) = 1$$

من أجل كل قيمة لـ $x \in \mathbb{R}$.

وكدالة مثلثية أخرى نعرّف $\tan : D \to \mathbb{R}$ بالعلاقة التالية:

$$\tan(x) = \frac{\sin(x)}{\cos(x)}$$

حيث $D = \mathbb{R} \setminus \left\{ (k+\frac{1}{2})\pi : k \in \mathbb{Z} \right\}$. إنّ النقاط المستثناة من مجموعة التعريف هي النقاط ذاتها التي ينعدم عندها الـ cos.

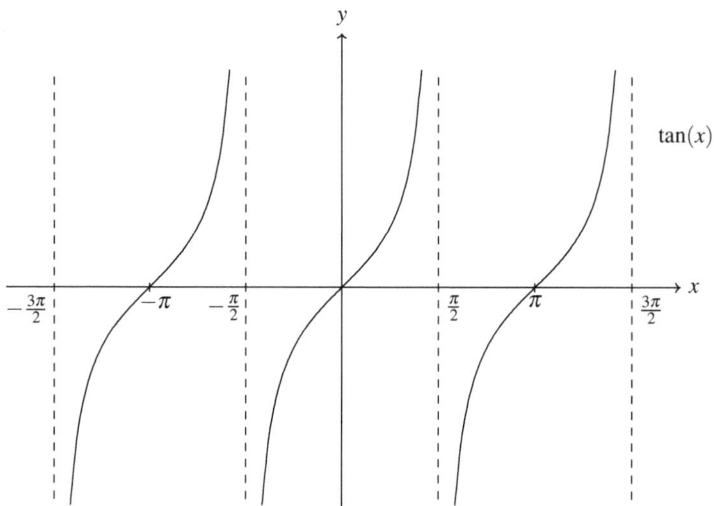

Abb. 5.11: Der Graph vom Tangens.

Bemerkung 5.12

1. Die Umkehrfunktion von $\sin : [-\frac{\pi}{2}, \frac{\pi}{2}] \to [-1, 1]$ ist gegeben durch $\arcsin : [-1, 1] \to [-\frac{\pi}{2}, \frac{\pi}{2}]$, d.h.

$$\arcsin(\sin x) = x$$

für alle $x \in [-\frac{\pi}{2}, \frac{\pi}{2}]$ und

$$\sin(\arcsin z) = z$$

für alle $z \in [-1, 1]$.

2. Die Umkehrfunktion von $\cos : [0, \pi] \to [-1, 1]$ ist gegeben durch $\arccos : [-1, 1] \to [0, \pi]$, d.h.

$$\arccos(\cos x) = x$$

für alle $x \in [0, \pi]$ und

$$\cos(\arccos z) = z$$

für alle $z \in [-1, 1]$.

3. Die Umkehrfunktion von $\tan : (-\frac{\pi}{2}, \frac{\pi}{2}) \to \mathbb{R}$ ist gegeben durch $\arctan : \mathbb{R} \to (-\frac{\pi}{2}, \frac{\pi}{2})$, d.h.

$$\arctan(\tan x) = x$$

für alle $x \in (-\frac{\pi}{2}, \frac{\pi}{2})$ und

$$\tan(\arctan z) = z$$

für alle $z \in \mathbb{R}$.

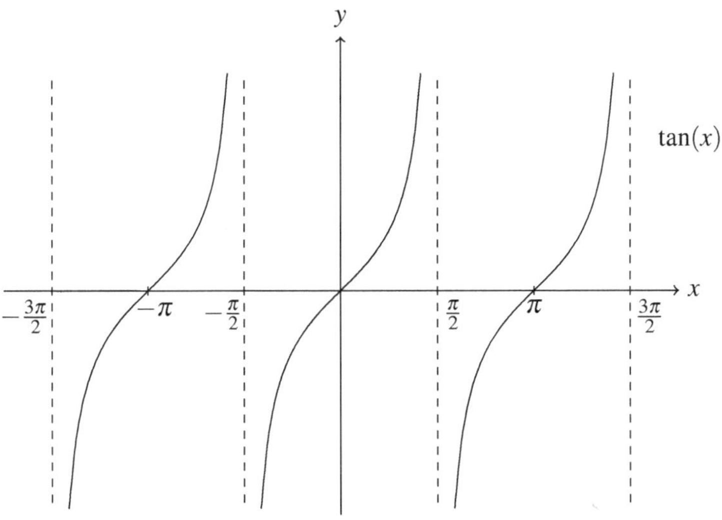

شكل 5.11: الخط البياني للدالة tan.

ملاحظة 5.12

1. الدالة العكسيّة لـ $\sin : [-\frac{\pi}{2}, \frac{\pi}{2}] \to [-1, 1]$ تعطى بالشكل $\arcsin : [-1, 1] \to [-\frac{\pi}{2}, \frac{\pi}{2}]$، وهذا يعني أنّ:

$$\arcsin(\sin x) = x$$

من أجل $x \in [-\frac{\pi}{2}, \frac{\pi}{2}]$، و

$$\sin(\arcsin z) = z$$

من أجل $z \in [-1, 1]$.

2. الدالة العكسيّة لـ $\cos : [0, \pi] \to [-1, 1]$ تعطى بالشكل $\arccos : [-1, 1] \to [0, \pi]$، وهذا يعني أنّ:

$$\arccos(\cos x) = x$$

من أجل $x \in [0, \pi]$، وأنّ:

$$\cos(\arccos z) = z$$

من أجل $z \in [-1, -1]$.

3. الدالة العكسيّة لـ $\tan : (-\frac{\pi}{2}, \frac{\pi}{2}) \to \mathbb{R}$ تعطى بالشكل $\arctan : \mathbb{R} \to (-\frac{\pi}{2}, \frac{\pi}{2})$، هذا يعني أنّ:

$$\arctan(\tan x) = x$$

من أجل $x \in (-\frac{\pi}{2}, \frac{\pi}{2})$، وأنّ:

$$\tan(\arctan z) = z$$

من أجل $z \in \mathbb{R}$.

Definition 5.13 Für eine Funktion der Form $c \cdot \sin x$ bzw. $c \cdot \cos x$ mit $c > 0$ nennen wir c die *Amplitude*.

Beispiel 5.14 Die folgende Abbildung zeigt den Graph der Funktion $f : \mathbb{R} \to [-2,2]$, $f(x) = 2\sin x$. Die Amplitude ist 2. Der Graph ist nur eine Streckung von Sinus in y-Richtung.

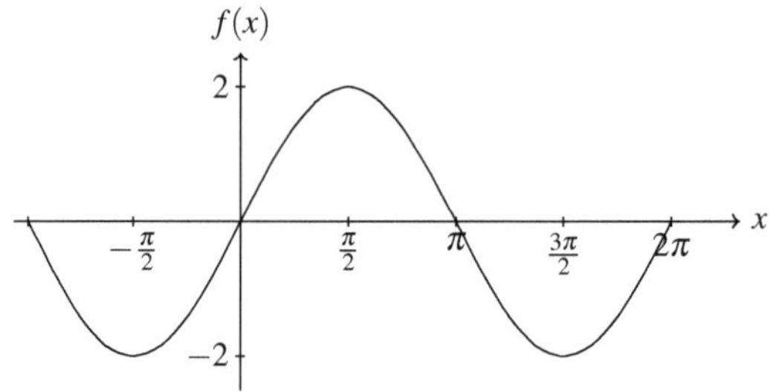

Abb. 5.12: Der Graph der Funktion $f(x) = 2\sin x$.

Definition 5.15 Für eine Funktion der Form $\sin(\omega x)$ bzw $\cos(\omega x)$ mit $\omega > 0$ nennen wir ω die *Frequenz*.

Beispiel 5.16 In der folgenden Abbildung ist der Graph der Funktion $f : \mathbb{R} \to [-1,1]$, $f(x) = \cos\left(\dfrac{1}{2}x\right)$ zu sehen. Die Frequenz $1/2$ bewirkt eine Streckung des Graphes von Kosinus in x-Richtung.

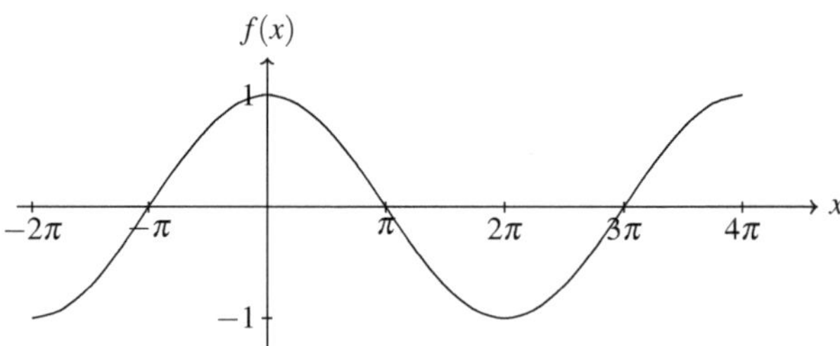

Abb. 5.13: Der Graph der Funktion $f(x) = \cos\left(\dfrac{1}{2}x\right)$.

تعريف 5.13 من أجل دالة من الشكل $c \cdot \sin x$ أو $c \cdot \cos x$ حيث $c > 0$ نسمي c "السعة" .

مثال 5.14 الشكل التالي يبيّن الخط البياني للدالة $[-2,2] \rightarrow \mathbb{R} : f$، $f(x) = 2\sin x$.
السعة تساوي 2 وتسبّب تمديد الخط البياني للدالة sin على المحور y.

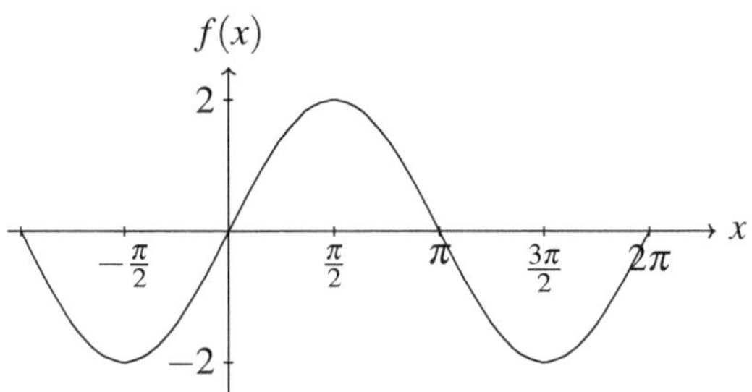

شكل 5.12: الخط البياني للتابع $f(x) = 2\sin x$.

تعريف 5.15 من أجل دالة من الشكل $\sin(\omega x)$ أو $\cos(\omega x)$ حيث $\omega > 0$ نسمي ω "التردد" .

مثال 5.16 في الشكل التالي يمكننا أن نرى الخط البياني للدالة $[-1,1] \rightarrow \mathbb{R} : f$، $f(x) = \cos\left(\frac{1}{2}x\right)$.
التردد يساوي 1/2 ويسبّب تمديد الخط البياني للدالة cos على المحور x.

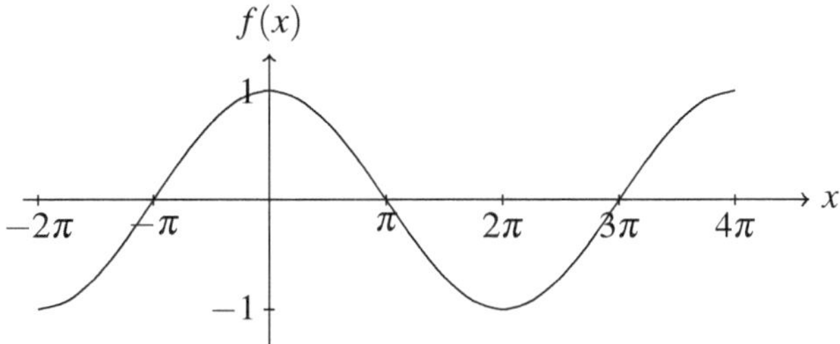

شكل 5.13: الخط البياني للدالة $f(x) = \cos\left(\frac{1}{2}x\right)$.

5.4 Exponentialfunktion und Logarithmus

In diesem Abschnitt beschäftigen wir uns mit der Exponentialfunktion und ihrer Umkehrabbildung, dem natürlichen Logarithmus. Wir beginnen dabei mit einer Wiederholung der Potenzgesetze.

Bemerkung 5.17 (Potenzgesetze) Für $a, b > 0$ und $m, n \in \mathbb{N}$ gilt

$$a^n \cdot a^m = a^{n+m}, \qquad\qquad \left(\frac{a}{b}\right)^n = \frac{a^n}{b^n},$$

$$(a^n)^m = a^{n \cdot m}, \qquad\qquad (a \cdot b)^n = a^n \cdot b^n,$$

$$\sqrt[m]{a} = a^{1/m}, \qquad\qquad \sqrt[m]{a^n} = a^{n/m},$$

$$a^{-n} = \frac{1}{a^n}, \qquad\qquad \frac{a^n}{a^m} = a^n \cdot a^{-m} = a^{n-m}.$$

Desweiteren gilt

$$a^0 = 1$$

für alle $a \in \mathbb{R}$.

Die folgende Abbildung zeigt den Graphen der *Exponentialfunktion* $f : \mathbb{R} \to \mathbb{R}_{>0}$ definiert durch

$$f(x) = \exp(x) = e^x.$$

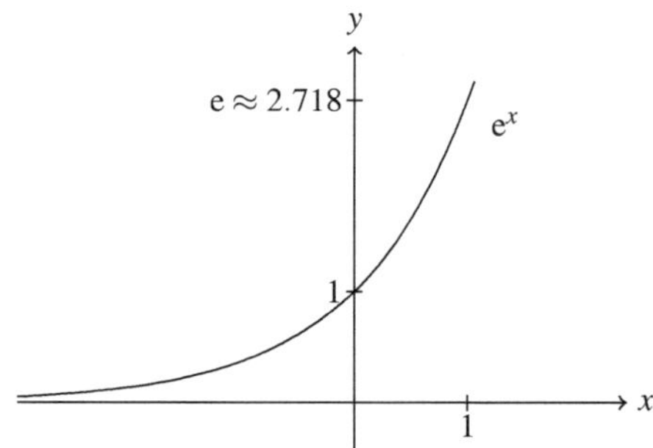

Abb. 5.14: Der Graph der Exponentialfunktion.

Die Umkehrfunktion ist gegeben durch $f^{-1} : \mathbb{R}_{>0} \to \mathbb{R}$ mit

$$f^{-1}(x) = \ln(x)$$

und wir bezeichnen diese als den *natürlichen Logarithmus*. Da der natürliche Logarithmus die Umkehrfunktion der Exponentialfunktion ist, gilt offenbar

5.4 التابع اللوغاريتمي والأسّي

في هذا القسم سنتعامل مع الدالة الأسّية ودالتها العكسيّة (اللوغاريتم الطبيعي). سنبدأ بمراجعة قوانين القوى.

ملاحظة 5.17 (قوانين القوى) من أجل $a, b > 0$ و $m, n \in \mathbb{N}$ يكون:

$$a^n \cdot a^m = a^{n+m} \qquad\qquad \left(\frac{a}{b}\right)^n = \frac{a^n}{b^n}$$

$$(a^n)^m = a^{n \cdot m} \qquad\qquad (a \cdot b)^n = a^n \cdot b^n$$

$$\sqrt[m]{a} = a^{1/m} \qquad\qquad \sqrt[m]{a^n} = a^{n/m}$$

$$a^{-n} = \frac{1}{a^n} \qquad\qquad \frac{a^n}{a^m} = a^n \cdot a^{-m} = a^{n-m}$$

كما أنّ:

$$a^0 = 1$$

من أجل $a \in \mathbb{R}$.

الشكل التالي يوضح لنا الخط البياني "للتابع الأسّي" $f : \mathbb{R} \to \mathbb{R}_{>0}$ المعطى بالعلاقة:

$$f(x) = \exp(x) = e^x$$

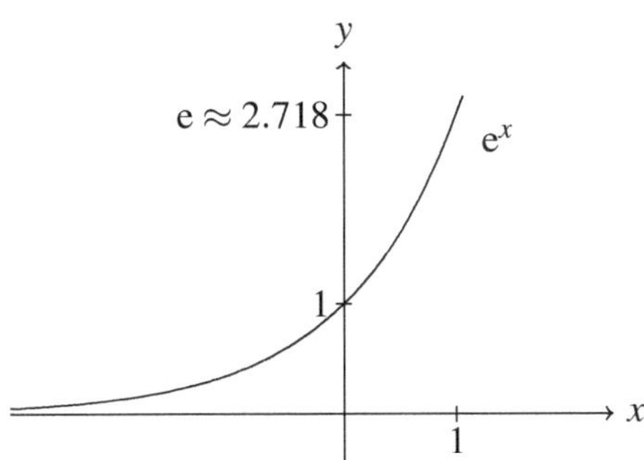

شكل 5.14: الخط البياني للتابع الأسّي.

الدالة العكسيّة للتابع الأسّي معطاة بالعلاقة $f^{-1} : \mathbb{R}_{>0} \to \mathbb{R}$ حيث

$$f^{-1}(x) = \ln(x)$$

ونسميها "دالة اللوغاريتم الطبيعي" ، وبما أنّ اللوغاريتم الطبيعي هو الدالة العكسيّة للدالة الأسّية، يكون:

$$\ln(e^x) = x$$

für alle $x \in \mathbb{R}$ und

$$e^{\ln(z)} = z$$

für alle $z \in \mathbb{R}_{>0}$.

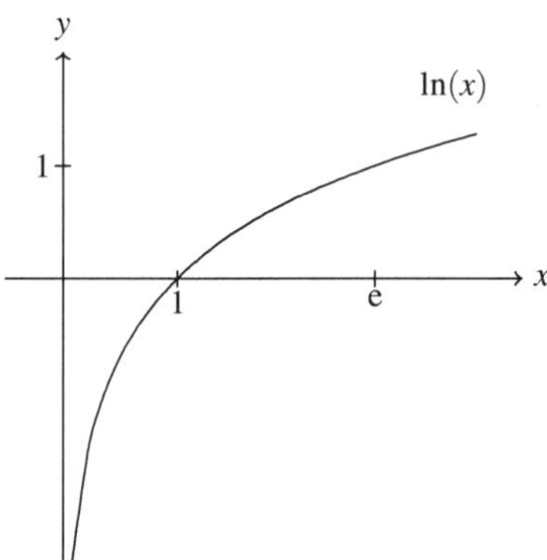

Abb. 5.15: Der Graph des natürlichen Logarithmus.

Bemerkung 5.18 (Logarithmusgesetze) Für $a, b > 0$ gilt

$$a^n = \left(e^{\ln(a)}\right)^n = e^{\ln(a) \cdot n},$$
$$\ln(a^n) = n \cdot \ln(a),$$
$$\ln(a \cdot b) = \ln(a) + \ln(b)$$
$$\ln\left(\frac{a}{b}\right) = \ln(a) - \ln(b).$$

Weiterhin gilt

$$\ln(1) = 0, \qquad \ln(e) = 1.$$

Viele Terme lassen sich mithilfe der Potenz- und Logarithmusgesetze vereinfachen, wie das nächste Beispiel zeigt.

$$\ln(e^x) = x$$

من أجل $x \in \mathbb{R}$، ويكون:

$$e^{\ln(z)} = z$$

من أجل $z \in \mathbb{R}_{>0}$.

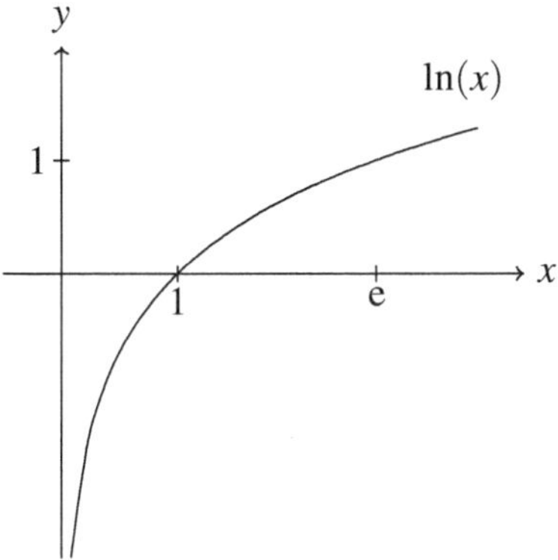

شكل 5.15: الخط البياني للوغاريتم الطبيعي.

ملاحظة 5.18 (قوانين اللوغاريتم) من أجل $a,b > 0$ يكون:

$$a^n = \left(e^{\ln(a)}\right)^n = e^{\ln(a)\cdot n},$$
$$\ln(a^n) = n \cdot \ln(a),$$
$$\ln(a \cdot b) = \ln(a) + \ln(b)$$
$$\ln\left(\frac{a}{b}\right) = \ln(a) - \ln(b).$$

كذلك يكون:

$$\ln(1) = 0, \qquad \ln(e) = 1.$$

كما سنرى في المثال التالي يمكننا تبسيط الكثير من الحدود بمساعدة قوانين القوى واللوغاريتم.

Beispiel 5.19

a) $\ln(e^7) = 7$,

b) $e^{4\cdot\ln(3)} = e^{\ln(3)\cdot 4} = \left(e^{\ln(3)}\right)^4 = 3^4 = 81$,

c) $\ln\left(\sqrt{\dfrac{1}{e^3}}\right) = \ln\left(\sqrt{e^{-3}}\right) = \ln\left(e^{-3/2}\right) = -\dfrac{3}{2}$

d) $e^{\ln(5)-5} = \dfrac{e^{\ln(5)}}{e^5} = \dfrac{5}{e^5}$.

5.5 Aufgaben

Aufgabe 5.1 Skizzieren Sie den Graphen der Funktion

$$f(x) = -(-x)^3.$$

Was fällt auf?

Aufgabe 5.2 Skizzieren Sie den Graphen der Funktion

$$f(x) = -\frac{1}{(x-3)^2} + 3.$$

Wie groß kann der Definitionsbereich gewählt werden?

Aufgabe 5.3 Skizzieren Sie den Graphen der Funktion

$$f(x) = x^2 - 4x + 2.$$

[Hinweis: Schreiben Sie den Term zunächst um.]

Aufgabe 5.4 Skizzieren Sie den Graphen der Funktion

$$f(x) = -\sqrt{(-x+1)^2} + 1.$$

Aufgabe 5.5 Skizzieren Sie den Graphen der Funktion

$$f(x) = 3\sin(x - \frac{\pi}{2}) + 1.$$

Aufgabe 5.6 Berechnen Sie

$$e^{1-\ln(3)} - \ln(e^2) - \ln(e^{17}).$$

مثال 5.19

$$\ln(e^7) = 7 \quad .1$$

$$e^{4\cdot\ln(3)} = e^{\ln(3)\cdot 4} = \left(e^{\ln(3)}\right)^4 = 3^4 = 81 \quad .2$$

$$\ln\left(\sqrt{\frac{1}{e^3}}\right) = \ln\left(\sqrt{e^{-3}}\right) = \ln\left(e^{-3/2}\right) = -\frac{3}{2} \quad .3$$

$$e^{\ln(5)-5} = \frac{e^{\ln(5)}}{e^5} = \frac{5}{e^5} \quad .4$$

5.5 تمارين

تمرين 5.1 ارسم الخط البياني للتابع، ماذا تلاحظ؟

$$f(x) = -(-x)^3.$$

تمرين 5.2 ارسم الخط البياني للتابع.

$$f(x) = -\frac{1}{(x-3)^2} + 3.$$

ما هي أكبر مجموعة تعريف ممكنة للتابع؟

تمرين 5.3 ارسم الخط البياني للتابع.

$$f(x) = x^2 - 4x + 2.$$

[ملاحظة: أعد صياغة المعادلة أولاً.]

تمرين 5.4 ارسم الخط البياني للتابع.

$$f(x) = -\sqrt{(-x+1)^2} + 1.$$

تمرين 5.5 ارسم الخط البياني للتابع.

$$f(x) = 3\sin(x - \frac{\pi}{2}) + 1.$$

تمرين 5.6 أوجد ناتج العبارة التالية:

$$e^{1-\ln(3)} - \ln(e^2) - \ln(e^{17}).$$

6 Grenzwerte (Limiten)

Zusammenfassung Wir möchten in diesem Kapitel den Begriff des *Grenzwerts* bzw. *Limes* einführen. Diese Theorie beantwortet uns die Frage nach dem Verhalten von Funktionen "im Unendlichen" bzw. das Verhalten von Funktionen in der Nähe von markanten Stellen im oder außerhalb des Definitionsbereichs. Beispiele für solche markanten Stellen sind *Polstellen* oder sogenannte *Lücken im Graph*.

6.1 Beispiele von Grenzwerten

Um den Begriff eines Grenzwertes zu veranschaulichen, beginnen wir mit einem Beispiel.

Beispiel 6.1 Wir betrachten die Funktion $f : \mathbb{R} \to \mathbb{R}$, $f(x) = -x^3$. Wie verhält sich die Funktion f, wenn wir mit x beliebig groß werden, also mit x gegen Unendlich (als Symbol: ∞) laufen?

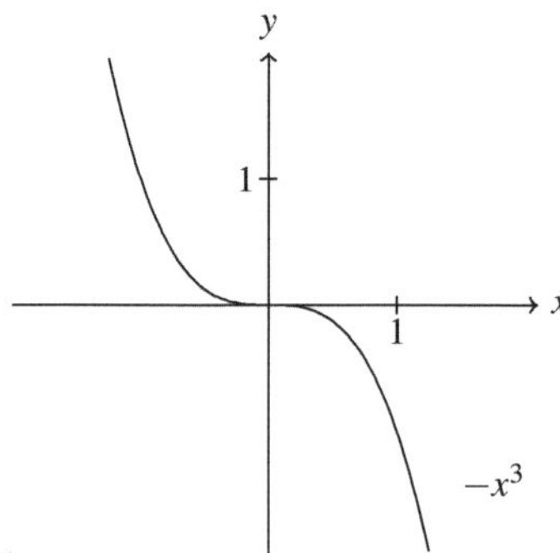

Abb. 6.1: Der Graph der Funktion $f(x) = -x^3$.

© Springer-Verlag GmbH Deutschland, ein Teil von Springer Nature 2018
M. Weber, *Basiswissen Mathematik auf Arabisch und Deutsch –*
أساسيات في الرياضيات باللغتين العربية والألمانية, https://doi.org/10.1007/978-3-662-58071-4_6

6 النهايات

ملخص سنتعرّف في هذا الفصل على المصطلح "النهاية"، الذي سيمكننا من الإجابة عن الأسئلة المتعلّقة بسلوك التوابع عند "اللانهاية" أو عند الاقتراب من نقاط مميزة داخل أو خارج مجموعة التعريف. كمثال على ذلك "الأقطاب" أو "الانقطاعات في الخط البياني".

6.1 أمثلة على النهايات

لتوضيح مصطلح النهاية سنبدأ بالمثال التالي:

مثال 6.1 لنعتبر الدالة $f : \mathbb{R} \to \mathbb{R}$ ، $f(x) = -x^3$. كيف تتغير الدالة f عندما تسعى x إلى اللانهاية (نرمز لها: ∞)؟

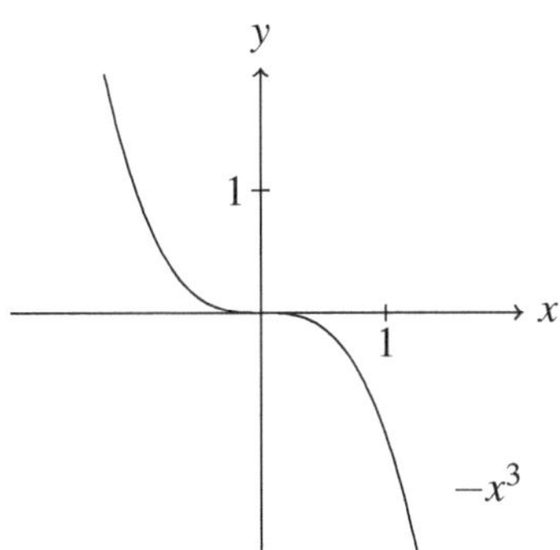

شكل 6.1: الخط البياني للتابع $f(x) = -x^3$.

Anhand des Graphen in Abbildung 6.1 können wir ablesen, dass die Funktionswerte $f(x)$ für größer werdende Werte von x negativ und betragsmäßig beliebig groß werden. Wir sagen in diesem Fall die Funktion f strebt für $x \to \infty$ gegen den *Grenzwert* $-\infty$ und schreiben

$$\lim_{x \to \infty} -x^3 = -\infty.$$

Analog kann man anhand des Graphen ablesen, dass

$$\lim_{x \to -\infty} -x^3 = \infty.$$

Es gibt jedoch auch Funktionen, bei denen es nicht nur interessant ist zu wissen, was "im Unendlichen" passiert, sondern wie sich die Funktionen um bestimmte Werte von x verhalten. Besonders dann ist dies interessant, wenn man diese bestimmten Werte für x selbst nicht in die Funktion einsetzen kann, weil die Funktion dort nicht definiert ist.

Beispiel 6.2 Wir betrachten die Funktion $g : \mathbb{R} \setminus \{0\} \to \mathbb{R}$, $g(x) = \dfrac{1}{x^2}$. Wir können diese Funktion nicht an der Stelle $x = 0$ auswerten, da sie dort nicht definiert ist. Wie verhält sich jedoch g, wenn wir sehr kleine Werte für x, also Werte nahe bei Null einsetzen?

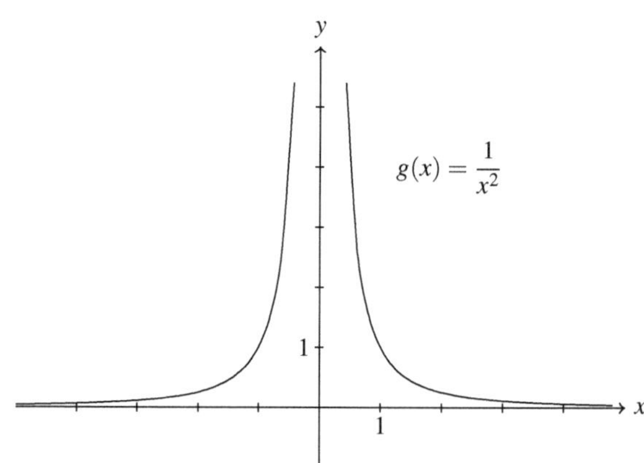

Abb. 6.2: Der Graph der Funktion $g(x) = \dfrac{1}{x^2}$.

Anhand des Graphen (siehe Abbildung 6.2) können wir ablesen, dass die Funktionswerte immer größer werden, je näher wir uns mit x der Null nähern. Wir sagen in diesem Fall die Funktion g strebt für $x \to 0$ gegen ∞ und schreiben

$$\lim_{x \to 0} \frac{1}{x^2} = \infty.$$

Analog folgt beispielsweise, dass

بالنظر للخط البياني السابق (الشكل 6.1)، يمكن أن نرى أنّ قيمة الدالة $f(x)$ تتناقص بازدياد قيمة المتحول x.

في هذه الحالة نقول أنّ التابع f يسعى إلى "النهاية" $-\infty$ عندما $x \to \infty$ أي أنّ:

$$\lim_{x\to\infty} -x^3 = -\infty.$$

وبالمثل نستنتج من الخط البياني أنّ:

$$\lim_{x\to-\infty} -x^3 = \infty.$$

يوجد بعض التوابع التي لن نكتفي بدراسة سلوكها عند اللانهاية وإنما سندرس سلوكها بالقرب من قيم محددة من x،

على وجه الخصوص سنهتم بتلك القيم من x التي لا يمكن تعويضها بالتابع لأنّه غير معرّف عندها.

مثال 6.2 لنعتبر التابع التالي: $g : \mathbb{R} \setminus \{0\} \to \mathbb{R}$، $g(x) = \dfrac{1}{x^2}$.

هنا لا يمكننا إيجاد قيمة التابع عند النقطة $x = 0$، وذلك لأنّ التابع عند هذه النقطة غير معرّف. ولكن كيف سيكون سلوك التابع g عندما تكون قيمة x صغيرة جداً أي عندما تقترب من الصفر؟

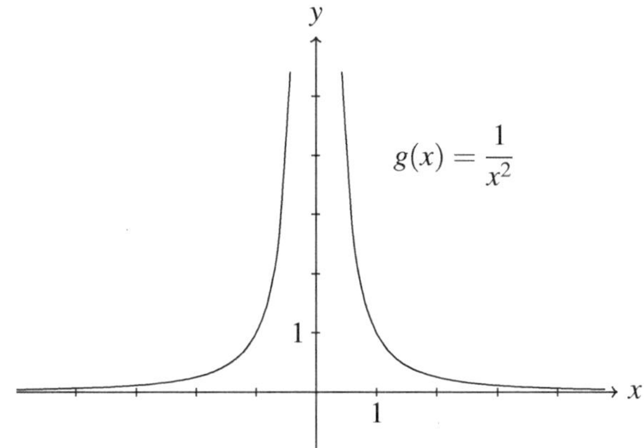

شكل 6.2: الخط البياني للتابع $g(x) = \dfrac{1}{x^2}$.

بالنظر للخط البياني للتابع (الشكل 6.2)، نلاحظ أنّ قيم التابع تصبح أكبر كلما اقتربت قيمة x من الصفر، ونقول في هذه الحالة بأنّ التابع g يسعى إلى ∞ من أجل $x \to 0$ ونكتب:

$$\lim_{x\to 0} \frac{1}{x^2} = \infty.$$

بشكل مماثل لما سبق يكون مثلاً:

$$\lim_{x \to 3} \frac{1}{(x-3)^2} = \infty.$$

Bemerkung 6.3 Manchmal unterscheiden sich der *links-* und *rechtseitige Grenzwert*. Wir vernachlässigen derartige Fälle jedoch.

6.2 Regeln zur Berechnung von Grenzwerten

Bemerkung 6.4 Im Allgemeinen gilt

$$\lim_{x \to \infty} x^n = \infty \text{ für alle } n \in \mathbb{N},$$

$$\lim_{x \to -\infty} x^n = \begin{cases} \infty & \text{falls } n \text{ gerade,} \\ -\infty & \text{falls } n \text{ ungerade.} \end{cases}$$

Möchte man den Grenzwert eines Polynoms für $x \to \pm\infty$ bestimmen, so ist nur das Verhalten des Terms mit dem höchsten Exponenten ausschlaggebend für den Grenzwert.

Beispiel 6.5

1. Es gilt $\lim\limits_{x \to \infty} x^2 + 2x - 6 = \infty$, denn $\lim\limits_{x \to \infty} x^2 = \infty$.
2. Es gilt $\lim\limits_{x \to -\infty} x^4 + 3x^2 + 6x - 10 = \infty$, denn $\lim\limits_{x \to -\infty} x^4 = \infty$.
3. Es gilt $\lim\limits_{x \to \infty} -2x^3 - 12x + 3 = -\infty$, denn $\lim\limits_{x \to \infty} -2x^3 = -\infty$.

Wir wissen nun, wie man Grenzwerte von Polynomen für $x \to \pm\infty$ bestimmt. Wie sieht es aber mit rationalen Funktionen aus?

Beispiel 6.6 Für die Funktion $f : \mathbb{R} \setminus \{0\}$, $f(x) = \dfrac{1}{x}$ gilt

$$\lim_{x \to \infty} \frac{1}{x} = 0,$$

$$\lim_{x \to -\infty} \frac{1}{x} = 0.$$

Die folgende Bemerkung gibt Kriterien für die Bestimmung des Grenzwerts einer rationalen Funktion.

Bemerkung 6.7 (Grenzwerte von rationalen Funktionen) Für eine rationale Funktion f unterscheidet man die Folgenden drei Fälle beim Bestimmen von Grenzwerten für $x \to \pm\infty$.

1. Fall: Der Grad des Polynoms im Zähler ist größer als der Grad des Polynoms im Nenner, d.h.

$$f(x) = \frac{a_n x^n + a_{n-1} x^{n-1} + \ldots + a_1 x + a_0}{b_m x^m + b_{m-1} x^{m-1} + \ldots + b_1 x + b_0},$$

$$\lim_{x\to 3}\frac{1}{(x-3)^2}=\infty.$$

ملاحظة 6.3 أحياناً تختلف النهاية "من اليسار" عن النهاية "من اليمين"، ولكننا لن ندرس مثل هذه الحالات.

6.2 قواعد لحساب النهايات

ملاحظة 6.4 بشكل عام يكون:

$$\lim_{x\to\infty}x^n=\infty \quad \text{من أجل } n\in\mathbb{N}$$

$$\lim_{x\to-\infty}x^n=\begin{cases}\infty & \text{إذا كانت } n \text{ عدد زوجي}\\ -\infty & \text{إذا كانت } n \text{ عدد فردي}\end{cases}$$

إذا أردنا إيجاد نهاية كثير حدود عندما $x\to\pm\infty$ فإنّ الحد ذو الأس الأعلى هو فقط من يحدد النهاية.

مثال 6.5

1. $\lim_{x\to\infty}x^2+2x-6=\infty$ لأنّ $\lim_{x\to\infty}x^2=\infty$.
2. $\lim_{x\to-\infty}x^4+3x^2+6x-10=\infty$ لأنّ $\lim_{x\to-\infty}x^4=\infty$.
3. $\lim_{x\to\infty}-2x^3-12x+3=-\infty$ لأنّ $\lim_{x\to\infty}-2x^3=-\infty$.

نحن نعلم الآن كيف يمكننا تحديد نهاية كثير حدود عندما $x\to\pm\infty$ ولكن كيف يمكننا تحديد نهاية دالة كسرية؟

مثال 6.6 من أجل الدالة $f:\mathbb{R}\setminus\{0\}$، $f(x)=\dfrac{1}{x}$ يتحقق:

$$\lim_{x\to\infty}\frac{1}{x}=0$$

$$\lim_{x\to-\infty}\frac{1}{x}=0$$

في الملاحظة التالية يوجد معايير سنتبعها لتحديد نهاية دالة كسرية.

ملاحظة 6.7 (نهايات التوابع الكسرية) لتحديد نهاية دالة كسرية f عندما $x\to\pm\infty$. ينبغي علينا التمييز بين ثلاث حالات مختلفة.

1. الحالة الأولى: درجة كثير الحدود في البسط أكبر منها في المقام، هذا يعني:

$$f(x)=\frac{a_nx^n+a_{n-1}x^{n-1}+...+a_1x+a_0}{b_mx^m+b_{m-1}x^{m-1}+...+b_1x+b_0},$$

wobei $n > m$ $(m, n \in \mathbb{N})$ und $a_n, ..., a_0, b_m, ..., b_0 \in \mathbb{R}$. In diesem Fall gilt

$$\lim_{x \to \infty} f(x) = \infty, \qquad\qquad \text{falls } \frac{a_n}{b_m} > 0,$$

$$\lim_{x \to \infty} f(x) = -\infty, \qquad\qquad \text{falls } \frac{a_n}{b_m} < 0,$$

$$\lim_{x \to -\infty} f(x) = \infty, \qquad\qquad \text{falls } \frac{a_n}{b_m} \cdot (-1)^{(n-m)} > 0,$$

$$\lim_{x \to -\infty} f(x) = -\infty, \qquad\qquad \text{falls } \frac{a_n}{b_m} \cdot (-1)^{(n-m)} < 0.$$

2. Fall: Der Grad des Polynoms im Zähler ist kleiner als der Grad des Polynoms im Nenner, d.h.

$$f(x) = \frac{a_n x^n + a_{n-1} x^{n-1} + ... + a_1 x + a_0}{b_m x^m + b_{m-1} x^{m-1} + ... + b_1 x + b_0},$$

wobei $n < m$ $(m, n \in \mathbb{N})$ und $a_n, ..., a_0, b_m, ..., b_0 \in \mathbb{R}$. In diesem Fall gilt

$$\lim_{x \to \pm\infty} f(x) = 0.$$

3. Fall: Der Grad des Polynoms im Zähler stimmt mit dem Grad des Polynoms im Nenner überein, d.h.

$$f(x) = \frac{a_n x^n + a_{n-1} x^{n-1} + ... + a_1 x + a_0}{b_n x^n + b_{n-1} x^{n-1} + ... + b_1 x + b_0},$$

wobei $n \in \mathbb{N}$ und $a_n, ..., a_0, b_n, ..., b_0 \in \mathbb{R}$. In diesem Fall gilt

$$\lim_{x \to \pm\infty} f(x) = \frac{a_n}{b_n}.$$

Beispiel 6.8

Es gilt

$$\lim_{x \to \infty} \frac{18x^6 - 2x^2 - 7}{6x^5 - 2x^2 + 8} = \infty,$$

da der Grad des Polynoms im Zähler größer als der Grad des Polynoms im Nenner ist und $\frac{18}{6} > 0$ (1. Fall).

Es gilt

$$\lim_{x \to \infty} \frac{17x^3 + 6x - 12}{13x^4 - 18} = 0,$$

da der Grad des Polynoms im Zähler kleiner als der Grad des Polynoms im Nenner ist (2. Fall).

Es gilt

$$\lim_{x \to \infty} \frac{6x^4 - 2x^2 - 7}{3x^4 + 6x^3 - 12} = \frac{6}{3} = 2,$$

علماً أنّ $n > m$ و $(m, n \in \mathbb{N})$ و $a_n, ..., a_0, b_m, ..., b_0 \in \mathbb{R}$. عندئذٍ يتحقق:

$$\lim_{x \to \infty} f(x) = \infty, \qquad (\text{عندما } \frac{a_n}{b_m} > 0),$$

$$\lim_{x \to \infty} f(x) = -\infty, \qquad (\text{عندما } \frac{a_n}{b_m} < 0),$$

$$\lim_{x \to -\infty} f(x) = \infty, \qquad (\text{عندما } \frac{a_n}{b_m} \cdot (-1)^{(n-m)} > 0),$$

$$\lim_{x \to -\infty} f(x) = -\infty, \qquad (\text{عندما } \frac{a_n}{b_m} \cdot (-1)^{(n-m)} < 0)$$

2. الحالة الثانية: درجة كثير الحدود في البسط أصغر منها في المقام، هذا يعني:

$$f(x) = \frac{a_n x^n + a_{n-1} x^{n-1} + ... + a_1 x + a_0}{b_m x^m + b_{m-1} x^{m-1} + ... + b_1 x + b_0},$$

حيث أنّ $n < m$ و $(m, n \in \mathbb{N})$ و $a_n, ..., a_0, b_m, ..., b_0 \in \mathbb{R}$. عندئذٍ يتحقق:

$$\lim_{x \to \pm\infty} f(x) = 0.$$

3. الحالة الثالثة: إذا تطابقت درجة كثيري الحدود في البسط والمقام، هذا يعني:

$$f(x) = \frac{a_n x^n + a_{n-1} x^{n-1} + ... + a_1 x + a_0}{b_n x^n + b_{n-1} x^{n-1} + ... + b_1 x + b_0},$$

حيث أنّ $n \in \mathbb{N}$ و $a_n, ..., a_0, b_n, ..., b_0 \in \mathbb{R}$. عندئذٍ يتحقق:

$$\lim_{x \to \pm\infty} f(x) = \frac{a_n}{b_n}$$

مثال 6.8

1. تكون

$$\lim_{x \to \infty} \frac{18x^6 - 2x^2 - 7}{6x^5 - 2x^2 + 8} = \infty,$$

لأنّ درجة كثير الحدود في البسط أكبر منها في المقام و $\frac{18}{6} > 0$ (الحالة الأولى).

2. تكون

$$\lim_{x \to \infty} \frac{17x^3 + 6x - 12}{13x^4 - 18} = 0,$$

لأنّ درجة كثير الحدود في البسط أصغر منها في المقام (الحالة الثانية).

3. تكون

$$\lim_{x \to \infty} \frac{6x^4 - 2x^2 - 7}{3x^4 + 6x^3 - 12} = \frac{6}{3} = 2,$$

da der Grad des Polynoms im Zähler gleich dem Grad des Polynoms im Nenner ist (3. Fall).

Bemerkung 6.9 (Grenzwerte von Exponentialfunktion und Logarithmus) Für die Exponentialfunktion und den natürlichen Logarithmus gelten die folgenden Aussagen.

1. $\lim\limits_{x\to\infty} e^x = \infty$.
2. $\lim\limits_{x\to-\infty} e^x = 0$.
3. $\lim\limits_{x\to\infty} \ln(x) = \infty$.
4. $\lim\limits_{x\to 0} \ln(x) = -\infty$.

Nun bleibt die Frage offen, wie man den Grenzwert einer Funktion bestimmt, die aus einem Polynom und der Exponentialfunktion bzw. dem natürlichen Logarithmus zusammengesetzt ist. Im folgenden Beispiel werden Regeln für solche Grenzwertbetrachtungen formuliert.

Beispiel 6.10 Wir stellen uns die Frage, was der Grenzwert von

$$\frac{e^x}{x^4 + x^2 - 6}$$

für $x \to \infty$ ist. Die Frage lässt sich auf den ersten Blick nicht einfach beantworten denn der Term

$$\frac{1}{x^4 + x^2 - 6}$$

geht für $x \to \infty$ gegen 0, während e^x gegen ∞ strebt. In diesem Fall "gewinnt" die Exponentialfunktion gegen die rationale Funktion, d.h. für den Grenzwert für $x \to \infty$ ist nur die Exponentialfunktion relevant. Es gilt also

$$\lim_{x\to\infty} \frac{e^x}{x^4 + x^2 - 6} = \infty.$$

Allgemein gilt: "Exponentiale schlagen Potenzen" in der Grenzwertbetrachtung. Mit derselben Begründung gilt

$$\lim_{x\to\infty} (x^4 + x^2 - 6) \cdot e^{-x} = 0.$$

Für den natürlichen Logarithmus sieht es etwas anders aus. Wir betrachten die Funktion

$$x \cdot \ln(x)$$

für $x \to 0$. Auch hier lässt sich auf den ersten Blick nicht sagen was der Grenzwert ist, denn der Term x geht für $x \to 0$ gegen 0, während $\ln(x)$ für $x \to 0$ gegen $-\infty$ strebt. In diesem Fall "gewinnt" jedoch der Term x gegen den natürlichen Logarithmus. Es gilt also

$$\lim_{x\to 0} x \cdot \ln(x) = 0.$$

Allgemein gilt: "Potenzen schlagen Logarithmen" bei der Grenzwertbetrachtung. Das gleiche Argument liefert

لأنّ درجة كثير الحدود في البسط تساوي درجة كثير الحدود في المقام (الحالة الثالثة).

ملاحظة 6.9 (نهايات مهمة تتعلّق بالتابع الأسّي واللوغاريتمي) من أجل الدالة الأسّية واللوغاريتم الطبيعي تتحقق العلاقات التالية:

$$1. \ \lim_{x \to \infty} e^x = \infty$$
$$2. \ \lim_{x \to -\infty} e^x = 0$$
$$3. \ \lim_{x \to \infty} \ln(x) = \infty$$
$$4. \ \lim_{x \to 0} \ln(x) = -\infty$$

الآن يبقى لدينا السؤال التالي: كيف يمكننا تحديد نهاية دالة مؤلفة من كثير حدود وتابع أسّي أو كثير حدود ولوغاريتم طبيعي. في المثال التالي سنستنتج قواعد لحساب النهايات في هذه الحالات.

مثال 6.10 لنطرح السؤال التالي: ما هي نهاية التابع التالي عند $x \to \infty$؟

$$\frac{e^x}{x^4 + x^2 - 6}$$

للوهلة الأولى يبدو أنه لا يمكن الإجابة عن هذا السؤال ببساطة لأنّ الحد

$$\frac{1}{x^4 + x^2 - 6}$$

ينتهي إلى 0 عندما $x \to \infty$، في حين ينتهي e^x إلى ∞، في هذه الحالة يتفوّق التابع الأسّي على التابع الكسري وهذا يعني أنّ النهاية من أجل $x \to \infty$ تتعلّق فقط بالدالة الأسّية. أي أنّ:

$$\lim_{x \to \infty} \frac{e^x}{x^4 + x^2 - 6} = \infty.$$

بشكل عام يصح القول بأنّ التابع الأسّي أقوى من الأسس فيما يتعلّق بحساب النهايات. وبناءً على ذلك يتحقق:

$$\lim_{x \to \infty} (x^4 + x^2 - 6) \cdot e^{-x} = 0.$$

بالنسبة للوغاريتم الطبيعي فإنّ الأمر مختلف قليلاً عن ما سبق. لنعتبر التابع التالي:

$$f(x) = x \cdot \ln(x)$$

من أجل $x \to 0$، هنا أيضاً لا يمكننا من الوهلة الأولى تحديد نهاية التابع لأنّ الحد x يسعى إلى 0 عندما $x \to 0$، بينما يسعى الحد $\ln(x)$ إلى $-\infty$ عندما $x \to 0$.
وفي هذه الحالة يتفوّق الحد x على اللوغاريتم الطبيعي ويتحقق:

$$\lim_{x \to 0} x \cdot \ln(x) = 0.$$

بشكل عام يمكن القول بأنّ الأسس أقوى من اللوغاريتم فيما يتعلّق بحساب النهايات. بناءً على ما سبق يتحقق:

$$\lim_{x \to \infty} 2 + \frac{\ln(x)}{x^3} = 2.$$

6.3 Definitionslücken

In diesem Abschnitt werden wir uns das Verhalten von Funktionen um Definitionslücken anschauen und Definitionslücken in zwei Typen unterteilen. Wir beginnen dazu wie gewohnt mit einem Beispiel.

Beispiel 6.11 Wir betrachten die Funktion $f : \mathbb{R} \setminus \{1\} \to \mathbb{R}_{>0}$, $f(x) = \dfrac{1}{(x-1)^2}$.

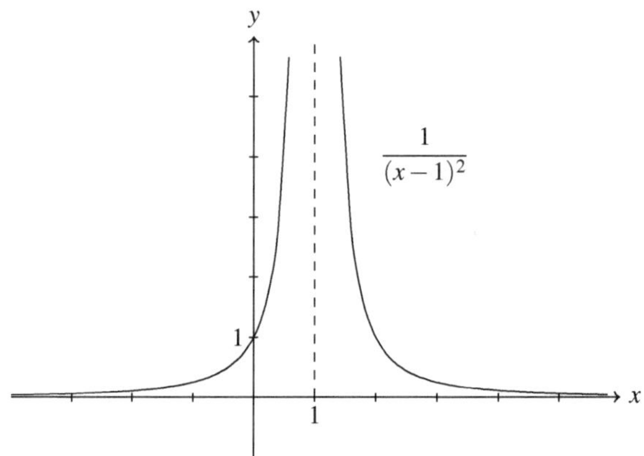

Abb. 6.3: Ein Beispiel für einen Graphen mit Polstelle.

Die Funktion ist an der Stelle 1 nicht definiert. Daher interessieren wir uns für das Verhalten der Funktion um diese Definitionslücke. Anhand des Graphen (siehe Abbildung 6.3) können wir sehen, dass die Funktion sowohl rechts, als auch links von der Definitionslücke immer größer wird, je näher wir an die Stelle 1 kommen. Eine Definitionslücke dieser Art bezeichnen wir als *Polstelle* und wir schreiben in diesem Fall $\lim_{x \to 1} f(x) = \infty$.

Eine Definitionslücke muss jedoch nicht immer eine Polstelle sein, wie das nächste Beispiel zeigt.

Beispiel 6.12 Wir betrachten die Funktion $f : \mathbb{R} \setminus \{1\} \to \mathbb{R}$, $f(x) = \dfrac{(x-1)}{(x-1)}$. Man sieht schnell ein, dass man den Bruch für alle Werte im Definitionsbereich kürzen kann und die Funktion daher konstant 1 ist. In diesem Fall ist die Definitionslücke, wie in Abbildung 6.4 zu sehen, nur eine *Lücke im Graph* und keine Polstelle. Der Graph ist um die Definitionslücke konstant 1, sodass $\lim_{x \to 1} f(x) = 1$.

$$\lim_{x \to \infty} 2 + \frac{\ln(x)}{x^3} = 2.$$

6.3 نقاط عدم التعيين

في هذا القسم سندرس سلوك التوابع حول نقاط عدم التعيين كما سنقسم نقاط عدم التعيين إلى نوعين مختلفين. سنبدأ الآن بالمثال التالي:

مثال 6.11 سنقوم بدراسة التابع $f : \mathbb{R} \setminus \{1\} \to \mathbb{R}_{>0}$، $f(x) = \dfrac{1}{(x-1)^2}$.

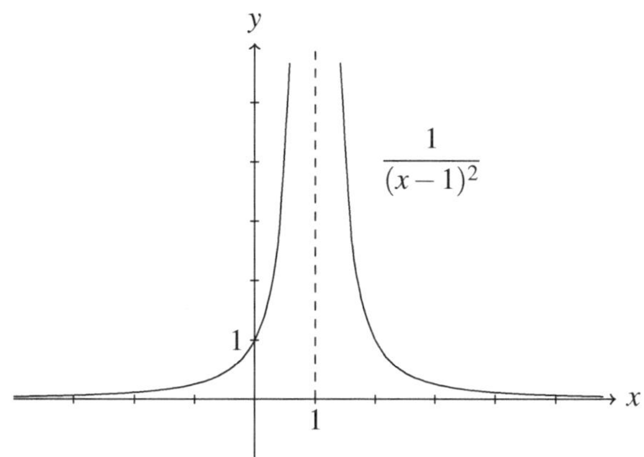

شكل 6.3: مثال على خط بياني يحوي على قطب.

إنّ التابع غير معرّف عندما x تساوي 1، لذلك سندرس سلوك التابع حول نقطة عدم التعيين هذه. بالنظر للخط البياني السابق (الشكل 6.3)، نلاحظ أنّ قيمة الدالة على كلتا الجهتين اليمنى واليسرى لنقطة عدم التعيين تزداد كلما اقتربنا من نقطة عدم التعيين ($x = 1$). نقطة عدم التعيين من هذا النوع تسمى "قطب" ونكتب في هذه الحالة: $\lim_{x \to 1} f(x) = \infty$.

لكنّه ليس من الضروري أن تكون كل نقطة عدم تعيين قطباً كما سنرى في المثال التالي.

مثال 6.12 لنعتبر التابع $f : \mathbb{R} \setminus \{1\} \to \mathbb{R}$، $f(x) = \dfrac{(x-1)}{(x-1)}$. سريعاً ما نلاحظ بأنّه يمكننا اختصار الكسر السابق وذلك بالنسبة لجميع قيم مجموعة التعريف ولذلك فإنّ التابع ثابت وهو 1. في هذه الحالة فإنّ نقطة عدم التعيين مجرّد "انقطاع في الخط البياني" (الشكل 6.4) وليست قطباً، والخط البياني حول نقطة عدم التعيين ثابت 1، لذلك يكون: $\lim_{x \to 1} f(x) = 1$.

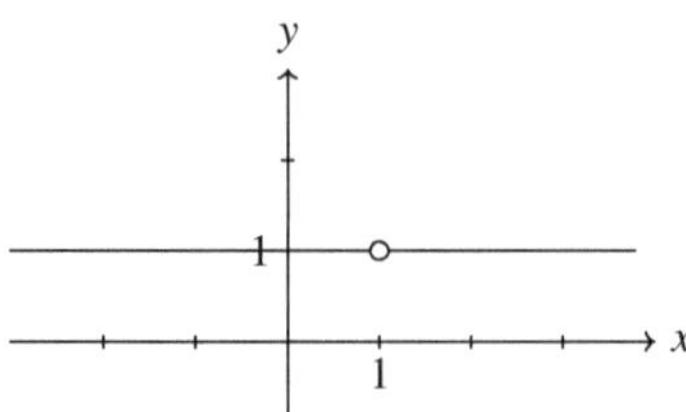

Abb. 6.4: Ein Beispiel für einen Graphen mit einer Lücke.

Anhand des Graphen kann man stets ablesen, ob eine Definitionslücke eine Polstelle oder nur eine Lücke im Graph ist. Anhand der Funktionsvorschrift lässt sich dies aber nicht immer sofort ablesen, wie das nächste Beispiel zeigt.

Beispiel 6.13

1. Die Funktion

$$f(x) = \frac{x^2 - x - 6}{x - 3}$$

hat an der Stelle 3 eine Lücke im Graph, denn es gilt

$$\lim_{x \to 3} \frac{x^2 - x - 6}{x - 3} = \lim_{x \to 3} \frac{(x+2)(x-3)}{x-3} = \lim_{x \to 3}(x+2) = 3 + 2 = 5.$$

2. Die Funktion

$$g(x) = \frac{x^2 - x - 2}{x + 1}$$

hat an der Stelle -1 eine Lücke im Graph, denn es gilt

$$\lim_{x \to -1} \frac{x^2 - x - 2}{x + 1} = \lim_{x \to -1} \frac{(x-2)(x+1)}{x+1} = \lim_{x \to -1}(x-2) = -1 - 2 = -3.$$

3. Die Funktion

$$h(x) = \frac{x^2 + 2x + 1}{(x - 1)^2}$$

hat an der Stelle 1 eine Polstelle, denn

$$\lim_{x \to 1} x^2 + 2x + 1 = 4$$

und

$$\lim_{x \to 1} \frac{1}{(x - 1)^2} = \infty,$$

sodass die Funktion h für Werte nahe bei 1 beliebig groß wird, also

$$\lim_{x \to 1} \frac{x^2 + 2x + 1}{(x - 1)^2} = \infty.$$

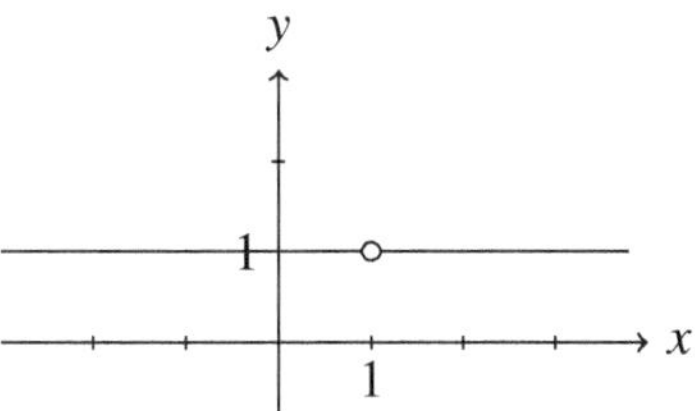

شكل 6.4: مثال على خط بياني يحوي انقطاع.

اعتماداً على الخط البياني يمكننا دائماً معرفة فيما إذا كانت نقطة عدم التعيين قطباً أو انقطاعاً فقط. بينما صيغة التابع لا تتيح لنا دوماً معرفة ذلك كما في المثال التالي:

مثال 6.13

1. إنّ للدالة

$$f(x) = \frac{x^2 - x - 6}{x - 3}$$

انقطاعاً في الخط البياني عند 3، لأنّ

$$\lim_{x \to 3} \frac{x^2 - x - 6}{x - 3} = \lim_{x \to 3} \frac{(x+2)(x-3)}{x-3} = \lim_{x \to 3}(x+2) = 3 + 2 = 5.$$

2. إنّ للدالة

$$g(x) = \frac{x^2 - x - 2}{x + 1}$$

انقطاعاً في الخط البياني عند $1-$، لأنّ

$$\lim_{x \to -1} \frac{x^2 - x - 2}{x + 1} = \lim_{x \to -1} \frac{(x-2)(x+1)}{x+1} = \lim_{x \to -1}(x-2) = -1 - 2 = -3.$$

3. إنّ للدالة

$$h(x) = \frac{x^2 + 2x + 1}{(x-1)^2}$$

قطباً عند النقطة 1، لأنّ

$$\lim_{x \to 1} x^2 + 2x + 1 = 4$$

وأيضاً

$$\lim_{x \to 1} \frac{1}{(x-1)^2} = \infty$$

لذلك فإنّ قيمة التابع h تزداد كلما اقتربت x من 1، ويكون:

$$\lim_{x \to 1} \frac{x^2 + 2x + 1}{(x-1)^2} = \infty$$

6.4 Aufgaben

Aufgabe 6.1 Bestimmen Sie den Grenzwert

$$\lim_{x \to \infty} \frac{-3x^2 + 17x - 1692}{5x^2 - 24x + 1691}.$$

Aufgabe 6.2 Bestimmen Sie den Grenzwert

$$\lim_{x \to -\infty} \frac{7x^5 + 3x + 91}{-5x^2 - 2x + 1}.$$

Aufgabe 6.3 Bestimmen Sie den Grenzwert

$$\lim_{x \to 0} 3x \cdot \ln(x).$$

Aufgabe 6.4 Bestimmen Sie den Grenzwert

$$\lim_{x \to 0} \ln(x) \cdot e^x.$$

Aufgabe 6.5 Bestimmen Sie den Typ der Definitionslücke (Polstelle oder Lücke im Graph) der Funktion

$$f(x) = \frac{x^2 + 6x - 27}{x + 9}.$$

Aufgabe 6.6 Bestimmen Sie den Typ der Definitionslücke (Polstelle oder Lücke im Graph) der Funktion

$$f(x) = x \ln(x)$$

an der Stelle $x = 0$.

6.4 تمارين

تمرين 6.1 أوجد النهاية التالية.

$$\lim_{x\to\infty} \frac{-3x^2 + 17x - 1692}{5x^2 - 24x + 1691}$$

تمرين 6.2 أوجد النهاية التالية.

$$\lim_{x\to-\infty} \frac{7x^5 + 3x + 91}{-5x^2 - 2x + 1}$$

تمرين 6.3 أوجد النهاية التالية.

$$\lim_{x\to 0} 3x\ln(x)$$

تمرين 6.4 أوجد النهاية التالية.

$$\lim_{x\to 0} \ln(x)\mathrm{e}^x$$

تمرين 6.5 حدد نوع نقطة عدم التعيين (قطب أو مجرد انقطاع في الخط البياني) للتابع التالي.

$$f(x) = \frac{x^2 + 6x - 27}{x + 9}$$

تمرين 6.6 حدد نوع نقطة عدم التعيين (قطب أو مجرد انقطاع في الخط البياني) للتابع التالي عندما $x = 0$.

$$f(x) = x\ln(x)$$

7 Differentialrechnung

Zusammenfassung Die Differentialrechnung beschäftigt sich mit der Steigung von Funktionen in einem Punkt. Wir werden in diesem Kapitel zunächst die Steigung in einem Punkt einer Funktion als Grenzwert der durchschnittlichen Steigung einer Funktion zwischen zwei Punkten definieren. Anschließend werden wir den Begriff der Ableitungsfunktion definieren und lernen, wie wir die Ableitungsfunktion einiger spezieller Funktionen berechnen. Mithilfe dieser Theorie lassen sich markante Punkte von Funktionen berechnen, die uns einige qualitative Eigenschaften der zugehörigen Funktionsgraphen liefern.

7.1 Ableitungen

Es sei $f : (a,b) \to \mathbb{R}$ eine Funktion.

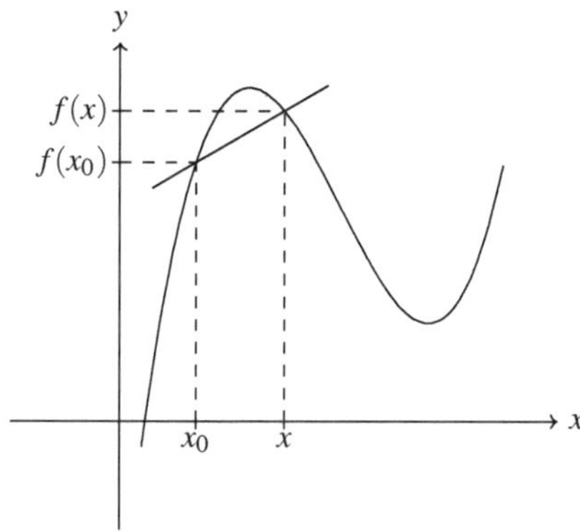

Abb. 7.1: Die durchschnittliche Steigung eines Graphen zwischen zwei Punkten.

© Springer-Verlag GmbH Deutschland, ein Teil von Springer Nature 2018   108
M. Weber, *Basiswissen Mathematik auf Arabisch und Deutsch –*
أساسيات في الرياضيات باللغتين العربية والألمانية, https://doi.org/10.1007/978-3-662-58071-4_7

7 حساب التفاضل

ملخص يدرس التفاضل ميل التوابع في نقطة معيّنة وفي هذا الفصل سنقوم بداية بتعريف الميل (عند نقطة ما من نقاط التابع) على أنّه نهاية معدّل تغير التابع بين نقطتين. بعد ذلك سنعرّف مصطلح مشتق التابع ونتعلم كيفية حساب مشتقّات بعض التوابع الخاصة. بمساعدة هذه المشتقات يمكننا إيجاد نقاط مميزة للتوابع والتي بدورها ستمدّنا بخصائص نوعية للرسوم البيانية لتلك التوابع.

7.1 الاشتقاق

ليكن لدينا التابع $f : (a,b) \to \mathbb{R}$.

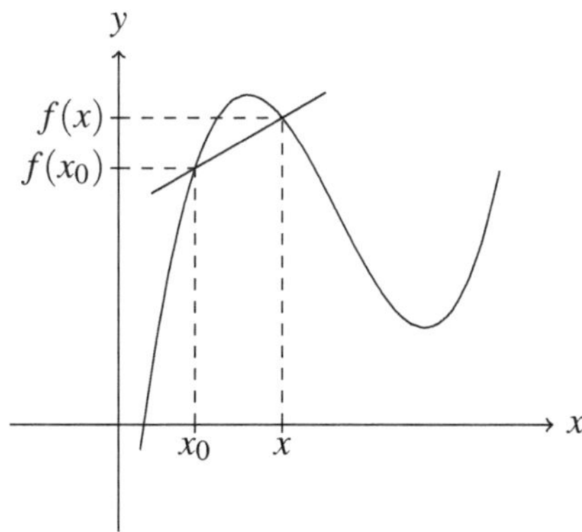

شكل 7.1: متوسّط ميل التابع بين نقطتين.

Wie in Abbildung 7.1 dargestellt, wird durch

$$\frac{f(x) - f(x_0)}{x - x_0}$$

die durchschnittliche Steigung von f zwischen x_0 und x beschrieben. Lässt man nun x_0 fest und x gegen x_0 laufen, so erhält man die Steigung von f im Punkt x_0. Falls der Grenzwert

$$\lim_{x \to x_0} \frac{f(x) - f(x_0)}{x - x_0} =: f'(x_0)$$

existiert, so nennen wir die Funktion f an der Stelle x_0 differenzierbar und nennen $f' : (a,b) \to \mathbb{R}$ die *Ableitung von f*.

Bemerkung 7.1

1. Es sei $f : \mathbb{R} \to \mathbb{R}$, $f(x) = c$ eine konstante Funktion. Dann gilt

$$f'(x) = 0$$

für alle $x \in \mathbb{R}$.
2. Es sei $g : \mathbb{R} \to \mathbb{R}$, $g(x) = m \cdot x + b$. Dann gilt

$$g'(x) = m$$

für alle $x \in \mathbb{R}$.
3. Es sei $h : D \to \mathbb{R}$, $h(x) = x^\alpha$, $D \subseteq \mathbb{R}$. Dann gilt

$$h'(x) = \alpha \cdot x^{\alpha - 1}$$

für alle $x \in D$ und $\alpha \in \mathbb{R}$.

Beispiel 7.2

1. Sei $g : \mathbb{R} \setminus \{0\} \to \mathbb{R}$, $g(x) = \dfrac{1}{x} = x^{-1}$. Dann gilt

$$g'(x) = (-1) \cdot x^{-2} = -\frac{1}{x^2}.$$

2. Sei $h : \mathbb{R}_{\geq 0} \to \mathbb{R}_{\geq 0}$, $h(x) = \sqrt{x} = x^{1/2}$. Dann gilt

$$h'(x) = \frac{1}{2} \cdot x^{-1/2} = \frac{1}{2 \cdot x^{1/2}} = \frac{1}{2 \cdot \sqrt{x}}.$$

Wir kennen nun Regeln um Potenzen abzuleiten. Doch wie leiten wir Funktionen ab, die sich nicht als Potenzen darstellen lassen? Die folgende Bemerkung beantwortet diese Frage in einigen speziellen Fällen.

Bemerkung 7.3 Es gelten die folgenden Aussagen für trigonometrische Funktionen sowie Exponentialfunktion und den Logarithmus:

يوصف متوسّط ميل التابع f في الشكل 7.1 بين النقطتين x_0 و x من خلال العلاقة التالية:

$$\frac{f(x) - f(x_0)}{x - x_0}$$

بتثبيت x_0 وترك x تسعى إليها، نحصل على ميل التابع f عند النقطة x_0. إذا وجدت النهاية التالية:

$$\lim_{x \to x_0} \frac{f(x) - f(x_0)}{x - x_0} =: f'(x_0)$$

عندها نقول أنّ التابع f قابل للاشتقاق عند النقطة x_0 و $f' : (a,b) \to \mathbb{R}$ هو "مشتقّه".

ملاحظة 7.1

1. ليكن $\mathbb{R} \to \mathbb{R} : f$، $f(x) = c$ تابع ثابت، عندئذٍ يكون:

$$f'(x) = 0$$

من أجل كل $x \in \mathbb{R}$.

2. ليكن $\mathbb{R} \to \mathbb{R} : g$، $g(x) = m \cdot x + b$ عندئذٍ يكون:

$$g'(x) = m$$

من أجل كل $x \in \mathbb{R}$.

3. ليكن $\mathbb{R} \to D : h$، $h(x) = x^\alpha$، $D \subseteq \mathbb{R}$ عندئذٍ يكون:

$$h'(x) = \alpha \cdot x^{\alpha - 1}$$

من أجل كل قيم $x \in D$ و $\alpha \in \mathbb{R}$.

مثال 7.2

1. ليكن $\mathbb{R} \setminus \{0\} \to \mathbb{R} : g$، $g(x) = \dfrac{1}{x} = x^{-1}$، عندها يكون:

$$g'(x) = (-1) \cdot x^{-2} = -\frac{1}{x^2}.$$

2. ليكن $\mathbb{R}_{\geq 0} \to \mathbb{R}_{\geq 0} : h$، $h(x) = \sqrt{x} = x^{1/2}$، عندها يكون:

$$h'(x) = \frac{1}{2} \cdot x^{-1/2} = \frac{1}{2 \cdot x^{1/2}} = \frac{1}{2 \cdot \sqrt{x}}.$$

نحن نعلم الآن قواعد لحساب مشتقات القوى ولكن كيف يمكننا حساب مشتقّات التوابع التي لا يمكننا كتابتها على شكل قوى؟ الملاحظة التالية تجيبنا على هذا السؤال بالنسبة لبعض الحالات الخاصة.

ملاحظة 7.3 بعض المشتقات للتوابع المثلثية والأسّية واللوغاريتمية:

1. $\sin'(x) = \cos(x)$
2. $\cos'(x) = -\sin(x)$
3. $(e^x)' = e^x$
4. $\ln'(x) = \dfrac{1}{x}$

7.2 Rechenregeln für Ableitungen

Wie sieht es nun aber mit Funktionen aus, die als Summe/Produkt/Quotient von Funktionen zusammengesetzt sind? Im Folgenden lernen wir Formeln kennen, mit deren Hilfe wir solche Funktionen ableiten können.

Bemerkung 7.4 (Linearität) Seien $f, g : (a,b) \to \mathbb{R}$ differenzierbar. Dann gilt

$$(f + g)'(x) = f'(x) + g'(x),$$
$$(\lambda f)'(x) = \lambda f'(x)$$

für alle $x \in (a,b)$ und $\lambda \in \mathbb{R}$.

Beispiel 7.5 Die Funktion $h : \mathbb{R} \to \mathbb{R}$,

$$h(x) = 2x^2 + 6x$$

lässt sich schreiben als

$$h(x) = 2 \cdot f(x) + 6 \cdot g(x),$$

wobei $f(x) = x^2$ und $g(x) = x$. Mit der obigen Regel folgt also für die Ableitung von h

$$h'(x) = 2 \cdot f'(x) + 6 \cdot g'(x) = 2 \cdot (2x) + 6 \cdot 1 = 4x + 6.$$

Allgemein erlaubt uns Bemerkung 7.1 und Bemerkung 7.4 die Berechnung von Ableitungen beliebiger Polynome.

Bemerkung 7.6 (Produktregel) Seien $f, g : (a,b) \to \mathbb{R}$ differenzierbar. Dann gilt

$$(f \cdot g)'(x) = f'(x) \cdot g(x) + f(x) \cdot g'(x)$$

für alle $x \in (a,b)$.

Beispiel 7.7 Die Funktion $h : \mathbb{R} \to \mathbb{R}$,

$$h(x) = \sin(x) \cdot \cos(x)$$

lässt sich schreiben als

$$h(x) = f(x) \cdot g(x),$$

wobei $f(x) = \sin(x)$ und $g(x) = \cos(x)$. Mit der Produktregel folgt also für die Ableitung von h

$$\sin'(x) = \cos(x) \quad .1$$
$$\cos'(x) = -\sin(x) \quad .2$$
$$(e^x)' = e^x \quad .3$$
$$\ln'(x) = \frac{1}{x} \quad .4$$

7.2 قواعد الاشتقاق

كيف يمكننا الآن حساب المشتق بالنسبة لتوابع مؤلفة من جمع، ضرب، قسمة العديد من التوابع الأخرى؟ في القسم التالي سنتعرّف على بعض الصيغ التي ستساعدنا في إيجاد مشتقّات توابع كهذه.

ملاحظة 7.4 (الخطّية) ليكن التابعان $f, g : (a,b) \to \mathbb{R}$ قابلين للاشتقاق عندها يتحقق:

$$(f+g)'(x) = f'(x) + g'(x)$$
$$(\lambda f)'(x) = \lambda f'(x)$$

من أجل جميع قيم $x \in (a,b)$ و $\lambda \in \mathbb{R}$.

مثال 7.5 ليكن التابع: $h : \mathbb{R} \to \mathbb{R}$

$$h(x) = 2x^2 + 6x$$

يمكننا كتابته على الشكل التالي:

$$h(x) = 2 \cdot f(x) + 6 \cdot g(x)$$

حيث أنّ $f(x) = x^2$ و $g(x) = x$، وباتباع القاعدة السابقة يمكننا حساب مشتق التابع h كما يلي:

$$h'(x) = 2 \cdot f'(x) + 6 \cdot g'(x) = 2 \cdot (2x) + 6 \cdot 1 = 4x + 6.$$

بشكل عام تتيح لنا الملاحظة رقم 7.1 والملاحظة رقم 7.4 حساب المشتق لأي كثير حدود.

ملاحظة 7.6 (قاعدة الضرب) ليكن التابعان $f, g : (a,b) \to \mathbb{R}$ قابلين للاشتقاق عندها يتحقق:

$$(f \cdot g)'(x) = f'(x) \cdot g(x) + f(x) \cdot g'(x)$$

من أجل $x \in (a,b)$.

مثال 7.7 ليكن التابع: $h : \mathbb{R} \to \mathbb{R}$

$$h(x) = \sin(x) \cdot \cos(x)$$

يمكننا كتابته على الشكل التالي:

$$h(x) = f(x) \cdot g(x)$$

حيث أنّ $f(x) = \sin(x)$ و $g(x) = \cos(x)$، باتباع قاعدة الضرب يمكننا حساب مشتق h كما يلي:

$$h'(x) = f'(x) \cdot g(x) + f(x) \cdot g'(x)$$
$$= \cos(x) \cdot \cos(x) + \sin(x) \cdot (-\sin(x))$$
$$= \sin^2(x) - \cos^2(x).$$

Bemerkung 7.8 (Quotientenregel) Seien $f, g : (a,b) \to \mathbb{R}$ differenzierbar und $g(x) \neq 0$ für alle $x \in (a,b)$. Dann gilt

$$\left(\frac{f}{g}\right)'(x) = \frac{f'(x) \cdot g(x) - f(x) \cdot g'(x)}{g^2(x)}.$$

Beispiel 7.9 Die Funktion $h : \mathbb{R} \setminus \{1\} \to \mathbb{R}$,

$$h(x) = \frac{x^2 + 1}{x - 1}$$

lässt sich schreiben als

$$h(x) = \frac{f(x)}{g(x)},$$

wobei $f(x) = x^2 + 1$ und $g(x) = x - 1$. Mit der Quotientenregel folgt also für die Ableitung von h

$$h'(x) = \frac{2x \cdot (x-1) - (x^2 + 1)}{(x-1)^2} = \frac{x^2 - 2x - 1}{(x-1)^2}.$$

Bemerkung 7.10 (Kettenregel) Seien $f : (c,d) \to \mathbb{R}$ und $g : (a,b) \to (c,d)$ differenzierbar. Dann gilt

$$(f \circ g)'(x) = f'(g(x)) \cdot g'(x)$$

für alle $x \in (a,b)$, wobei

$$(f \circ g)(x) := f(g(x)).$$

Beispiel 7.11 Die Funktion $h : \mathbb{R} \to \mathbb{R}$,

$$h(x) = \exp(x^3 - 1)$$

lässt sich schreiben als

$$h(x) = f(g(x)),$$

wobei $f(x) = \exp(x)$ und $g(x) = x^3 - 1$. Mit der Kettenregel folgt also für die Ableitung von h

$$h'(x) = \exp(x^3 - 1) \cdot 3x^2.$$

$$h'(x) = f'(x) \cdot g(x) + f(x) \cdot g'(x)$$
$$= \cos(x) \cdot \cos(x) + \sin(x) \cdot (-\sin(x))$$
$$= \sin^2(x) - \cos^2(x).$$

ملاحظة 7.8 (قاعدة القسمة) ليكن التابعان $f, g : (a,b) \to \mathbb{R}$ قابلين للاشتقاق و $g(x) \neq 0$ من أجل $x \in (a,b)$. عندها يتحقق:

$$\left(\frac{f}{g}\right)'(x) = \frac{f'(x) \cdot g(x) - f(x) \cdot g'(x)}{g^2(x)}$$

مثال 7.9 ليكن التابع $h : \mathbb{R} \setminus \{1\} \to \mathbb{R}$

$$h(x) = \frac{x^2 + 1}{x - 1}$$

يمكننا كتابته على الشكل التالي:

$$h(x) = \frac{f(x)}{g(x)}$$

حيث أنّ $f(x) = x^2 + 1$، $g(x) = x - 1$، باتباع قاعدة القسمة يمكننا حساب مشتق h كما يلي:

$$h'(x) = \frac{2x \cdot (x-1) - (x^2+1)}{(x-1)^2} = \frac{x^2 - 2x - 1}{(x-1)^2}$$

ملاحظة 7.10 (قاعدة السلسلة) ليكن التابعان $f : (c,d) \to \mathbb{R}$ و $g : (a,b) \to (c,d)$ قابلين للاشتقاق عندها يتحقق:

$$(f \circ g)'(x) = f'(g(x)) \cdot g'(x)$$

من أجل $x \in (a,b)$، حيث أنّ

$$(f \circ g)(x) := f(g(x))$$

مثال 7.11 ليكن التابع $h : \mathbb{R} \to \mathbb{R}$

$$h(x) = \exp(x^3 - 1)$$

يمكننا كتابته على الشكل التالي:

$$h(x) = f(g(x))$$

حيث أنّ $f(x) = \exp(x)$ و $g(x) = x^3 - 1$ وباتباع قاعدة السلسلة يمكننا حساب مشتق التابع h كما يلي:

$$h'(x) = \exp(x^3 - 1) \cdot 3x^2$$

7.3 Bestimmung von Tangenten an einen Graph

In diesem Abschnitt möchten wir für eine differenzierbare Funktion die Tangente in einem
bestimmten Punkt berechnen.

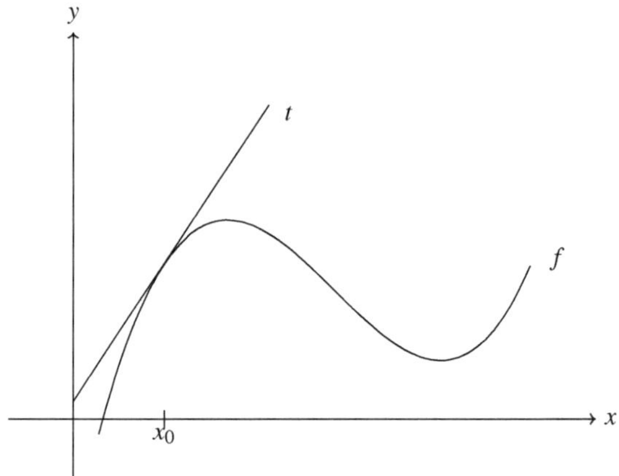

Abb. 7.2: Die Tangente an einen Graphen im Punkt x_0.

Sei dazu $f : (a,b) \to \mathbb{R}$ eine differenzierbare Funktion und $x_0 \in (a,b)$. Eine Tangente ist
eine Gerade (siehe Abbildung 7.2) und hat daher die Form $t(x) = m \cdot x + b$. Wir möchten
nun m und b so wählen, dass t eine Tangente an f im Punkt x_0, also eine Gerade ist, die
im Punkte x_0 die gleiche Steigung hat wie f. Die gesuchte Tangente erfüllt die Bedingung

$$m = f'(x_0),$$

denn die Tangente und die Funktion haben im Punkt x_0 die gleiche Steigung. Ferner gilt

$$t(x_0) = f(x_0), \qquad\qquad\qquad \text{(Gl. 7.1)}$$

da die Tangente und die Funktion sich im Punkt x_0 berühren. Aus (Gl. 7.1) folgt

$$m \cdot x_0 + b = f(x_0),$$

sodass

$$b = f(x_0) - f'(x_0) \cdot x_0.$$

Die Tangente von f im Punkt x_0 ist also gegeben durch die Formel

$$t(x) = f'(x_0) \cdot x + \big(f(x_0) - f'(x_0) \cdot x_0\big).$$

7.3 تحديد مماس خط بياني

في هذا القسم سنقوم بإيجاد المماس عند نقطة محددة لدالة قابلة للاشتقاق. ليكن التابع $f : (a,b) \to \mathbb{R}$ قابل للاشتقاق

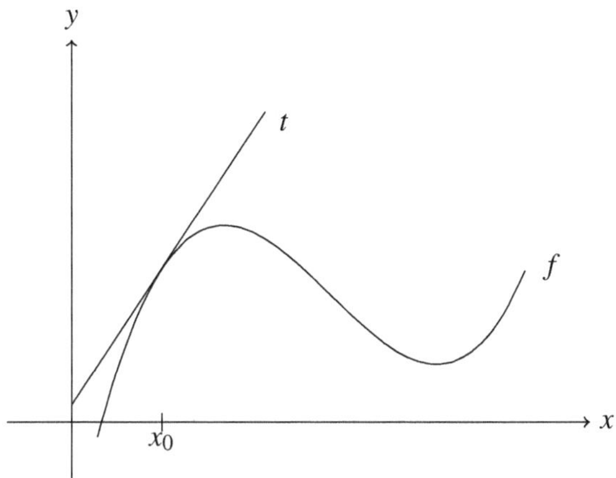

شكل 7.2: المماس للخط البياني عند النقطة x_0.

و $x_0 \in (a,b)$، بما أنّ المماس مستقيم (انظر الشكل 7.2) فله الصيغة التالية: $t(x) = m \cdot x + b$. نريد الآن اختيار قيم m و b بحيث يكون المستقيم t مماس للتابع f عند النقطة x_0، وهو المستقيم الذي ميله عند النقطة x_0 يساوي مشتق f، لذلك فإنّ المماس الذي نبحث عنه يحقق الشرط التالي:

$$m = f'(x_0)$$

وذلك لأنّ للمماس والتابع الميل نفسه عند النقطة x_0. كذلك

$$t(x_0) = f(x_0),$$

لأنّ المماس والتابع يلتقيان عند النقطة x_0. من العلاقة السابقة ينتج:

$$m \cdot x_0 + b = f(x_0)$$

وبالتعويض ينتج:

$$b = f(x_0) - f'(x_0) \cdot x_0$$

بناءً على ما سبق يعطى المماس للتابع f عند النقطة x_0 بالعلاقة التالية:

$$t(x) = f'(x_0) \cdot x + \big(f(x_0) - f'(x_0) \cdot x_0 \big)$$

Beispiel 7.12 Wir berechnen die Tangente der Funktion $f(x) = 3x^3 - 2x^2 + x$ im Punkt $x_p = \frac{2}{3}$. Die Ableitung von f ist gegeben durch

$$f'(x) = 9x^2 - 4x + 1.$$

Daher ist

$$f'\left(\frac{2}{3}\right) = \frac{7}{3}.$$

Ferner gilt

$$f\left(\frac{2}{3}\right) - f'\left(\frac{2}{3}\right) \cdot \frac{2}{3} = -\frac{8}{9}.$$

Damit ist die Tangente von f im Punkt x_p gegeben durch

$$t(x) = \frac{7}{3}x - \frac{8}{9}.$$

7.4 Minima und Maxima von Funktionen bestimmen

In diesem Abschnitt möchten wir uns mit der Frage nach *Extrema* von Funktionen beschäftigen. Was sind Extrema einer Funktion und wie findet man diese? Um diese Frage zu beantworten schauen wir uns zunächst ein einführendes Beispiel an.

Beispiel 7.13 In Abbildung 7.3 ist der Graph der Funktion $f : \mathbb{R} \to \mathbb{R}$,

$$f(x) = \frac{1}{2}x^3 - \frac{3}{2}x^2 + 2$$

zu sehen. Anhand des Graphen können wir ablesen, dass die Funktion an der Stelle $x = 0$ ein *lokales Maximum* bzw. einen *Hochpunkt* mit Funktionswert 2 hat. Das bedeutet, dass der Funktionswert 2 in einer Umgebung um die Stelle $x = 0$ der größte Funktionswert von f ist. Weiterhin kann man am Graphen ablesen, dass die Funktion an der Stelle $x = 2$ ein *lokales Minimum* bzw. einen *Tiefpunkt* mit Funktionswert 0 hat. Das bedeutet, dass der Funktionswert 0 in einer Umgebung um die Stelle $x = 2$ der kleinste Funktionswert von f ist.

Extrema sind also Minima (Tiefpunkte) oder Maxima (Hochpunkte) von Funktionen. Wie findet man aber im Allgemeinen Minima und Maxima einer gegebenen Funktion? Das folgende Theorem liefert ein Kriterium um solche Stellen zu finden.

Satz 7.14 *Es sei $f : (a,b) \to \mathbb{R}$ eine zweimal differenzierbare Funktion und $x_0 \in (a,b)$ ein Punkt mit der Eigenschaft*

$$f'(x_0) = 0.$$

Falls

$$f''(x_0) > 0,$$

مثال 7.12 لنوجد مماس التابع $x + x^2 - 3x^3 = f(x)$ عند النقطة $x_p = \dfrac{2}{3}$. علماً أنّ مشتق التابع f معطى بالعلاقة:

$$f'(x) = 9x^2 - 4x + 1$$

لذلك فإنّ

$$f'\left(\frac{2}{3}\right) = \frac{7}{3}$$

كما أنّ

$$f\left(\frac{2}{3}\right) - f'\left(\frac{2}{3}\right) \cdot \frac{2}{3} = -\frac{8}{9}$$

وبذلك يعطى مماس التابع f عند النقطة x_p بالعلاقة التالية:

$$t(x) = \frac{7}{3}x - \frac{8}{9}$$

7.4 تحديد القيم الصغرى والكبرى للتوابع

في هذا القسم سنتعامل مع القيم الحديّة للتوابع، ما هي القيم الحديّة وكيف يمكن إيجادها؟ للإجابة على هذا السؤال سنبدأ بالمثال التالي:

مثال 7.13 لنعتبر الخط البياني للدالة التالية (انظر الشكل 7.3) $f : \mathbb{R} \to \mathbb{R}$:

$$f(x) = \frac{1}{2}x^3 - \frac{3}{2}x^2 + 2.$$

بالنظر إلى الخط البياني نجد أنّ للتابع عند النقطة $x = 0$ قيمة كبرى محلياً وأن قيمته هي 2. هذا يعني أنّ قيمة التابع 2 في جوار النقطة $x = 0$ هي القيمة الأكبر للتابع f. بالإضافة لذلك يمكننا رؤية أنّه للتابع عند النقطة $x = 2$ قيمة صغرى محلياً وأن قيمته هي 0. هذا يعني أنّ قيمة التابع 0 في جوار النقطة $x = 2$ هي القيمة الأصغر للتابع f.

القيم الحديّة هي إذاً القيم الصغرى أو القيم الكبرى للتوابع. لكن كيف يمكننا إيجاد هذه القيم لتابع ما؟ سنتعرف في النظرية التالية على طريقة إيجاد هذه القيم.

نظرية 7.14 ليكن $f : (a,b) \to \mathbb{R}$ تابعاً قابلاً للاشتقاق مرتين و $x_0 \in (a,b)$ نقطة لها الخاصية التالية:

$$f'(x_0) = 0$$

في حال:

$$f''(x_0) > 0$$

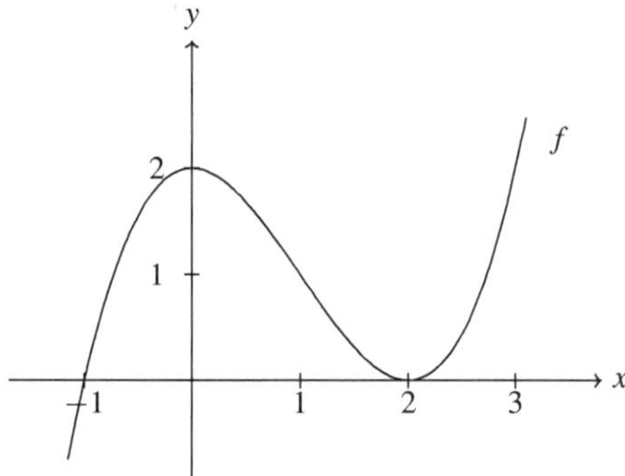

Abb. 7.3: Der Graph der Funktion f.

so ist x_0 ein lokaler Minimierer und $f(x_0)$ ein lokales Minimum von f. Ist

$$f''(x_0) < 0,$$

so ist x_0 ein lokaler Maximierer und $f(x_0)$ ein lokales Maximum von f. Im Fall

$$f''(x_0) = 0$$

lässt sich im Allgemeinen keine Aussage treffen.

Wir haben nun also ein Verfahren um lokale Minima und Maxima einer differenzierbaren Funktion f zu bestimmen. Dabei sucht man zunächst einen Punkt x_0 mit der Eigenschaft $f'(x_0) = 0$. Anschließend berechnet man die zweite Ableitung f'' und wertet diese im Punkt x_0 aus um zu entscheiden ob $f(x_0)$ ein lokales Minimum oder ein lokales Maximum ist.

Bemerkung 7.15 In manchen Fällen ist es umständlich die zweite Ableitung zu berechnen. Statt diese zu berechnen und auszuwerten, kann man auch Untersuchen, wie sich die erste Ableitung um die gefundene Nullstelle verhält. Falls die erste Ableitung f' in x_0 einen Vorzeichenwechsel von '+' zu '−' hat, so ist x_0 ein lokaler Maximierer. Falls f' in x_0 einen Vorzeichenwechsel von '−' zu '+' hat, so ist x_0 ein lokaler Minimierer.

Beispiel 7.16 Wir suchen lokale Extrema von $f : (0,5) \to \mathbb{R}$,

$$f(x) = 4x^3 - 15x^2 + 12x.$$

Dazu berechnen wir zunächst die Ableitung von f. Es gilt

$$f'(x) = 12x^2 - 30x + 12.$$

Wir suchen nun alle $x_0 \in (0,5)$ mit der Eigenschaft $f'(x_0) = 0$, also:

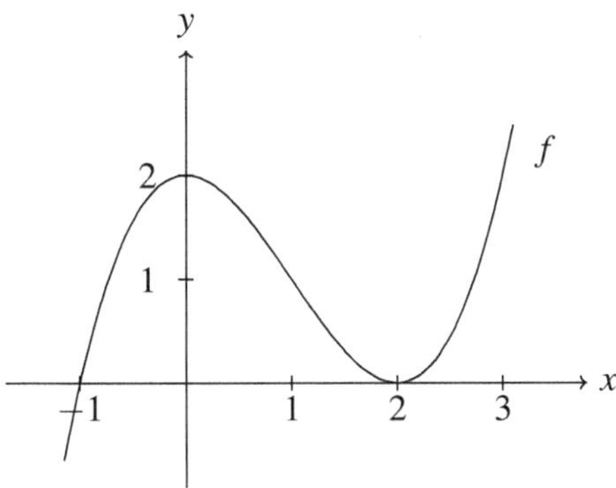

شكل 7.3: الخط البياني للتابع f.

يكون للتابع f عند النقطة x_0 قيمة صغرى محلياً $f(x_0)$. وفي حال كان:

$$f''(x_0) < 0$$

يكون للتابع f عند النقطة x_0 قيمة كبرى محلياً $f(x_0)$.

ولكن لا يمكن تأكيد وجود قيم حدية محلياً من عدمه إذا كان:

$$f''(x_0) = 0$$

لدينا الآن طريقة لتحديد القيم الصغرى والكبرى محلياً لتابع f قابل للاشتقاق وذلك من خلال إيجاد النقطة x_0، والتي تحقق $f'(x_0) = 0$ ومن ثم نحسب المشتق الثاني f'' ونعوض قيمة x_0 فيه لمعرفة فيما إذا كان $f(x_0)$ قيمة صغرى أو كبرى محلياً.

ملاحظة 7.15 أحياناً تكون عملية حساب المشتق الثاني معقدة لذلك نستعيض عن ذلك بدراسة سلوك المشتق الأول بالقرب من نقاط الجذر (النقاط التي ينعدم عندها التابع). في حال غيّر المشتق الأول f' إشارته عند النقطة x_0 من '$+$' إلى '$-$'، عندها تكون x_0 قيمة كبرى محلياً. أما إذا تغيرت إشارة f' من '$-$' إلى '$+$'، عندها تكون x_0 قيمة صغرى محلياً.

مثال 7.16 لنوجد القيم الحدية محلياً للتابع $f : (0,5) \to \mathbb{R}$

$$f(x) = 4x^3 - 15x^2 + 12x.$$

لإيجاد القيم المحلية علينا أولاً حساب المشتق الأول للتابع f.

$$f'(x) = 12x^2 - 30x + 12.$$

والآن نبحث عن $x_0 \in (0,5)$ التي تحقق العلاقة $f'(x_0) = 0$

$$12x_0^2 - 30x_0 + 12 = 0 \qquad\qquad\qquad | : 12$$

$$\Leftrightarrow \qquad x_0^2 - \frac{5}{2}x_0 + 1 = 0 \qquad\qquad\qquad |-1$$

$$\Leftrightarrow \qquad x_0^2 - \frac{5}{2}x_0 = -1 \qquad\qquad\qquad \left|+\left(\frac{5}{4}\right)^2\right.$$

$$\Leftrightarrow \qquad x_0^2 - \frac{5}{2}x_0 + \left(\frac{5}{4}\right)^2 = -1 + \left(\frac{5}{4}\right)^2$$

$$\Leftrightarrow \qquad \left(x_0 - \frac{5}{4}\right)^2 = \frac{9}{16} \qquad\qquad\qquad |\sqrt{}$$

$$\Rightarrow \qquad x_0 - \frac{5}{4} = \pm\frac{3}{4} \qquad\qquad\qquad \left|+\frac{5}{4}\right.$$

$$\Rightarrow \qquad x_0 = 2 \quad \text{oder} \quad x_0 = \frac{1}{2}$$

Wir prüfen nun ob 2 oder $\frac{1}{2}$ Minimierer oder Maximierer sind. Dazu berechnen wir die zweite Ableitung. Es gilt

$$f''(x) = 24x - 30.$$

Wir werten die zweite Ableitung nun in den Punkten 2 und $\frac{1}{2}$ aus. Es gilt

$$f''(2) = 18 > 0,$$

sodass 2 ein lokaler Minimierer ist. Damit ist ein lokales Minimum von f gegeben durch $f(2) = -4$. Weiterhin gilt

$$f''\left(\frac{1}{2}\right) = -18 < 0,$$

sodass $\frac{1}{2}$ ein lokaler Maximierer ist. Damit ist ein lokales Maximum von f gegeben durch $f\left(\frac{1}{2}\right) = \frac{11}{4}$.

7.5 Aufgaben

Aufgabe 7.1 Berechnen Sie die Ableitung der Funktion

$$f(x) = 7 \cdot x^2 + 2 \cdot x + 3 + 6 \cdot x^{-2}.$$

Aufgabe 7.2 Berechnen Sie die Ableitung der Funktion

$$f(x) = (\sin(\cos(x)))^2.$$

Aufgabe 7.3 Bestimmen Sie die Tangente an den Graphen von

$$12x_0^2 - 30x_0 + 12 = 0 \qquad | : 12$$

$$\Leftrightarrow \qquad x_0^2 - \frac{5}{2}x_0 + 1 = 0 \qquad |-1$$

$$\Leftrightarrow \qquad x_0^2 - \frac{5}{2}x_0 = -1 \qquad \left|+\left(\frac{5}{4}\right)^2\right.$$

$$\Leftrightarrow \qquad x_0^2 - \frac{5}{2}x_0 + \left(\frac{5}{4}\right)^2 = -1 + \left(\frac{5}{4}\right)^2$$

$$\Leftrightarrow \qquad \left(x_0 - \frac{5}{4}\right)^2 = \frac{9}{16} \qquad |\sqrt{}$$

$$\Rightarrow \qquad x_0 - \frac{5}{4} = \pm\frac{3}{4} \qquad \left|+\frac{5}{4}\right.$$

$$\Rightarrow \qquad x_0 = 2 \quad \text{أو} \quad x_0 = \frac{1}{2}$$

علينا الآن حساب المشتق الثاني لنتأكد فيما إذا كانت النقاط السابقة قيم صغرى أو كبرى محلياً.

$$f''(x) = 24x - 30$$

والآن نعوّض كلتا النقطتين 2 و $\frac{1}{2}$ في المشتق الثاني.

$$f''(2) = 18 > 0$$

بناءً على ذلك فإنّ للتابع f قيمة صغرى محلياً عند النقطة $x = 2$ معطاة بالعلاقة $f(2) = -4$.

$$f''\left(\frac{1}{2}\right) = -18 < 0$$

بناءً على ذلك فإنّ للتابع f قيمة كبرى محلياً عند النقطة $x = \frac{1}{2}$ معطاة بالعلاقة $f(\frac{1}{2}) = \frac{11}{4}$.

7.5 تمارين

تمرين 7.1 احسب مشتق التابع التالي:

$$f(x) = 7 \cdot x^2 + 2 \cdot x + 3 + 6 \cdot x^{-2}$$

تمرين 7.2 احسب مشتق التابع التالي:

$$f(x) = (\sin(\cos(x)))^2$$

تمرين 7.3 أوجد مماس الخط البياني للتابع التالي:

$$f(x) = 3 \cdot x^7 + 12 \cdot x + 6$$

im Punkt $x_p = 1$.

Aufgabe 7.4 Bestimmen Sie die Extrema der Funktion

$$f(x) = \frac{1}{3} \cdot x^3 + \frac{1}{2} \cdot x^2 - 2 \cdot x.$$

Aufgabe 7.5 Bestimmen Sie die Extrema der Funktion

$$f(x) = \frac{1}{4} \cdot x^2 \cdot \exp(2x).$$

$$f(x) = 3 \cdot x^7 + 12 \cdot x + 6$$

عند النقطة $x_p = 1$.

تمرين 7.4 أوجد القيم الحديّة محلياً للتابع التالي:

$$f(x) = \frac{1}{3} \cdot x^3 + \frac{1}{2} \cdot x^2 - 2 \cdot x$$

تمرين 7.5 أوجد القيم الحديّة محلياً للتابع التالي:

$$f(x) = \frac{1}{4} \cdot x^2 \cdot \exp(2x)$$

8 Integralrechnung

Zusammenfassung Die *Integralrechnung* beschäftigt sich mit der Berechnung von Flächen, die von Graphen eingeschlossen werden. Wir werden in diesem Kapitel Verfahren kennenlernen, mit deren Hilfe wir das Maß der Fläche bestimmen können, die von zwei Graphen eingeschlossen werden. Als Werkzeug dient uns dazu der *Hauptsatz der Differential- und Integralrechnung*, der einen Zusammenhang zwischen Integralen und der Differentialrechnung darstellt.

8.1 Stammfunktion

Wir beginnen mit der Definition einer *Stammfunktion*.

Definition 8.1 Für eine gegebene Funktion $f : (a,b) \to \mathbb{R}$ nennen wir eine differenzierbare Funktion $F : (a,b) \to \mathbb{R}$ mit der Eigenschaft

$$F'(x) = f(x)$$

für alle $x \in (a,b)$ eine *Stammfunktion* von f. Wir schreiben dafür auch (etwas informell)

$$F(x) = \int f(x)\,\mathrm{d}x.$$

Beispiel 8.2

1. Es gilt

$$\int x^n\,\mathrm{d}x = \frac{1}{n+1}x^{n+1} + c$$

für alle $n \neq -1$, wobei $c \in \mathbb{R}$ beliebig ist, denn für

$$F(x) = \frac{1}{n+1}x^{n+1} + c$$

ist

© Springer-Verlag GmbH Deutschland, ein Teil von Springer Nature 2018
M. Weber, *Basiswissen Mathematik auf Arabisch und Deutsch –*
أساسيات في الرياضيات باللغتين العربية والألمانية, https://doi.org/10.1007/978-3-662-58071-4_8

8 حساب التكامل

ملخص يستخدم التكامل لحساب المساحات المحصورة بين الرسوم البيانية، وفي هذه الفصل سنتعرف على الطرق التي ستساعدنا على قياس المساحة المحصورة بين رسمين بيانيين. سنعتمد في ذلك على "النظرية الأساسية للتفاضل والتكامل" والتي تربط بين عمليتي التفاضل والتكامل.

8.1 التابع الأصلي

سنبدأ بتعريف "التابع الأصلي".

تعريف 8.1 من أجل دالة معطاة $f : (a,b) \to \mathbb{R}$ نسمي أي تابع $F : (a,b) \to \mathbb{R}$ يحقق العلاقة:

$$F'(x) = f(x)$$

من أجل كل قيم $x \in (a,b)$ تابع أصلي للتابع f، كما نكتب (تجاوزاً):

$$F(x) = \int f(x)\,\mathrm{d}x.$$

مثال 8.2

1. تتحقق العلاقة:

$$\int x^n\,\mathrm{d}x = \frac{1}{n+1}x^{n+1} + c$$

من أجل $n \neq -1$ حيث أنّ $c \in \mathbb{R}$ ثابت حقيقي، وذلك لأنّ مشتق التابع

$$F(x) = \frac{1}{n+1}x^{n+1} + c$$

هو

$$F'(x) = x^n$$

(siehe Bemerkung 7.1).

2. Es gilt

$$\int \frac{1}{x}\,\mathrm{d}x = \ln(|x|) + c,$$

wobei $c \in \mathbb{R}$ beliebig ist, denn für

$$F(x) = \ln(|x|) + c$$

ist

$$F'(x) = \frac{1}{x}.$$

3. Es gilt

$$\int \mathrm{e}^x\,\mathrm{d}x = \mathrm{e}^x + c,$$

wobei $c \in \mathbb{R}$ beliebig ist, denn für

$$F(x) = \mathrm{e}^x + c$$

ist

$$F'(x) = \mathrm{e}^x.$$

Bemerkung 8.3 (Rechenregeln für Stammfunktionen) Für integrierbare Funktionen $f,g : [a,b] \to \mathbb{R}$ und $\lambda \in \mathbb{R}$ gilt

$$\int f(x) + g(x)\,\mathrm{d}x = \int f(x)\,\mathrm{d}x + \int g(x)\,\mathrm{d}x$$
$$\int \lambda f(x)\,\mathrm{d}x = \lambda \int f(x)\,\mathrm{d}x.$$

Um nun Flächeninhalte berechnen zu können, die von Graphen von Funktionen eingeschlossen werden, benötigen wir den folgenden *Hauptsatz der Differential- und Integralrechnung*.

Satz 8.4 (Hauptsatz der Differential- und Integralrechnung) *Ist $f : [a,b] \to \mathbb{R}$ eine stetige Funktion und $F : [a,b] \to \mathbb{R}$ eine Stammfunktion, so gilt*

$$\int_a^b f(x)\,\mathrm{d}x = F(b) - F(a).$$

Wir nennen dann $\int_a^b f(x)\,\mathrm{d}x$ das Integral über $f(x)$ von a bis b.

Bemerkung 8.5 Üblicherweise benutzt man die Schreibweise

$$[F(x)]_a^b := F(b) - F(a).$$

Beispiel 8.6 Wir möchten das Integral

$$F'(x) = x^n$$

(انظر الملاحظة 7.1).

2. تتحقق العلاقة:

$$\int \frac{1}{x}\,\mathrm{d}x = \ln(|x|) + c$$

حيث أنّ $c \in \mathbb{R}$ ثابت حقيقي، وذلك لأنّ مشتق التابع

$$F(x) = \ln(|x|) + c$$

هو

$$F'(x) = \frac{1}{x}$$

3. تتحقق العلاقة:

$$\int \mathrm{e}^x\,\mathrm{d}x = \mathrm{e}^x + c$$

حيث أنّ $c \in \mathbb{R}$ ثابت حقيقي، وذلك لأنّ مشتق التابع

$$F(x) = \mathrm{e}^x + c$$

هو

$$F'(x) = \mathrm{e}^x$$

ملاحظة 8.3 (قواعد لحساب التابع الأصلي) للتوابع القابلة للتكامل $\mathbb{R} \rightarrow [a,b] : f,g$ و $\lambda \in \mathbb{R}$ تتحقّق الخواص الآتية:

$$\int f(x) + g(x)\,\mathrm{d}x = \int f(x)\,\mathrm{d}x + \int g(x)\,\mathrm{d}x$$

$$\int \lambda f(x)\,\mathrm{d}x = \lambda \int f(x)\,\mathrm{d}x$$

لحساب مساحة السطوح المحصورة بين الخطوط البيانية للتوابع سنحتاج إلى "النظرية الأساسية للتفاضل والتكامل".

نظرية 8.4 (النظرية الأساسية للتفاضل والتكامل)
ليكن $\mathbb{R} \rightarrow [a,b] : f$ تابع مستمر و $\mathbb{R} \rightarrow [a,b] : F$ تابع أصلي له، عندها يتحقق:

$$\int_a^b f(x)\,\mathrm{d}x = F(b) - F(a)$$

عندها نسمّي $\int_a^b f(x)\,\mathrm{d}x$ تكامل التابع $f(x)$ من a إلى b.

ملاحظة 8.5 من المعتاد استخدام طريقة الكتابة التالية:

$$[F(x)]_a^b := F(b) - F(a)$$

مثال 8.6 لإيجاد التكامل التالي:

$$\int_{-2}^{3} (6x^2 - 4x + 2)\, dx$$

auswerten. Zunächst bemerken wir, dass

$$F(x) = 2x^3 - 2x^2 + 2x$$

eine Stammfunktion von

$$f(x) = 6x^2 - 4x + 2$$

ist, denn $F'(x) = f(x)$. Mit dem Hauptsatz können wir nun das Integral auswerten und wir erhalten

$$\int_{-2}^{3} (6x^2 - 4x + 2)\, dx = F(3) - F(-2) = 42 - (-28) = 70.$$

Bemerkung 8.7 Für eine stetige Funktion $f : [a,b] \to \mathbb{R}$ und $c \in (a,b)$ gilt

$$\int_{a}^{b} f(x)\, dx = \int_{a}^{c} f(x)\, dx + \int_{c}^{b} f(x)\, dx.$$

8.2 Flächenberechnung

Wir interessieren uns im Folgenden für den Flächeninhalt von Flächen, die vom Graph einer Funktion f mit der x-Achse eingeschlossen werden.

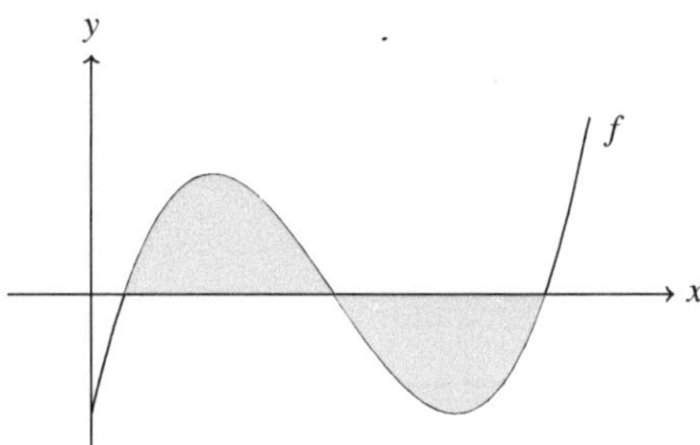

Abb. 8.1: Die Fläche(n), die ein Graph mit der x-Achse einschließt.

Solche Flächeninhalte lassen sich mithilfe von Integralen berechnen, wie wir im nächsten Beispiel sehen werden.

Beispiel 8.8 Wir möchten den Flächeninhalt der Fläche berechnen, die der Graph von

$$f(x) = -x^2 + 1$$

mit der x-Achse einschließt.

$$\int_{-2}^{3} (6x^2 - 4x + 2)\, dx$$

نلاحظ أولاً أنّ التابع

$$F(x) = 2x^3 - 2x^2 + 2x$$

هو تابع أصلي للتابع

$$f(x) = 6x^2 - 4x + 2$$

وذلك لأنّ $F'(x) = f(x)$ وبتطبيق النظرية الأساسية السابقة يمكن حساب هذا التكامل كما يلي:

$$\int_{-2}^{3} (6x^2 - 4x + 2)\, dx = F(3) - F(-2) = 42 - (-28) = 70.$$

ملاحظة 8.7 من أجل تابع مستمر $f : [a,b] \to \mathbb{R}$ و $c \in (a,b)$ يتحقق:

$$\int_{a}^{b} f(x)\, dx = \int_{a}^{c} f(x)\, dx + \int_{c}^{b} f(x)\, dx$$

8.2 حساب المساحات

فيما يلي سنتعلم كيفية حساب مساحة السطح المحصور بين الخط البياني لتابع f ومحور الإحداثيات x.

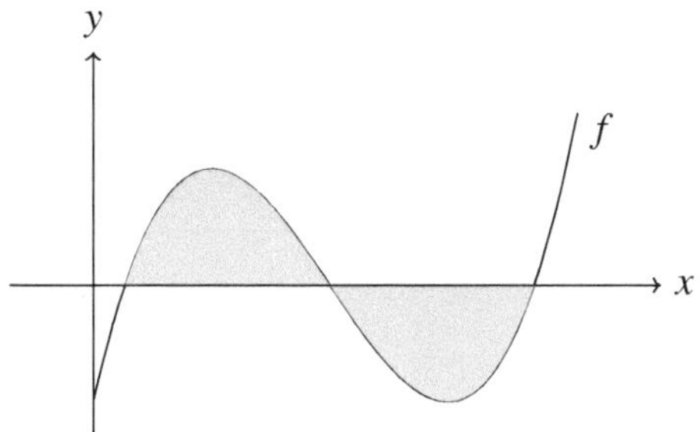

شكل 8.1: السطح أو السطوح المحصورة بين خط بياني والمحور x.

هذه المساحة يمكن إيجادها بحساب التكامل كما سنرى في المثال التالي.

مثال 8.8 نريد الآن حساب مساحة السطح المحصور بين الخط البياني للتابع التالي:

$$f(x) = -x^2 + 1$$

ومحور الإحداثيات x.

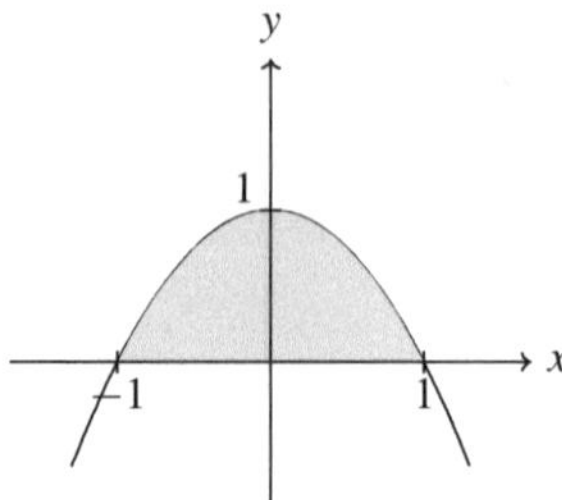

Abb. 8.2: Die Fläche, die der Graph von f mit der x-Achse einschließt.

Offenbar schließt der Graph von f im Intervall $[-1, 1]$ eine Fläche mit der x-Achse ein. Der Flächeninhalt ist in diesem Fall gegeben durch

$$\left| \int_{-1}^{1} (-x^2 + 1)\, dx \right| = \left| \left[-\frac{1}{3}x^3 + x \right]_{-1}^{1} \right| = \left| \frac{4}{3} \right| = \frac{4}{3}.$$

Der Flächeninhalt einer Fläche, die ein Graph mit der x-Achse einschließt, lässt sich jedoch nicht immer so berechnen, wie das folgende Beispiel zeigt.

Beispiel 8.9 Wir möchten den Flächeninhalt der Fläche berechnen, die der Graph der Funktion $f(x) = x^3$ im Intervall $[-1, 1]$ mit der x-Achse einschließt.

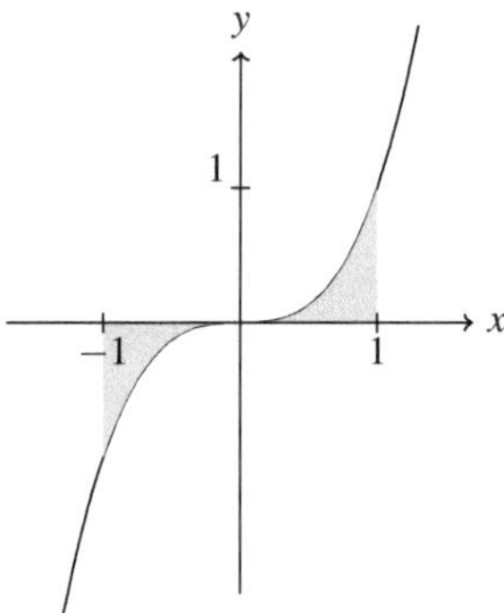

Abb. 8.3: Die Fläche, die der Graph von f mit der x-Achse einschließt.

Versuchen wir nun die Fläche mit dem gleichen Ansatz wie oben zu berechnen, so erhalten wir

$$\int_{-1}^{1} x^3\, dx = \left[\frac{1}{4}x^4 \right]_{-1}^{1} = 0.$$

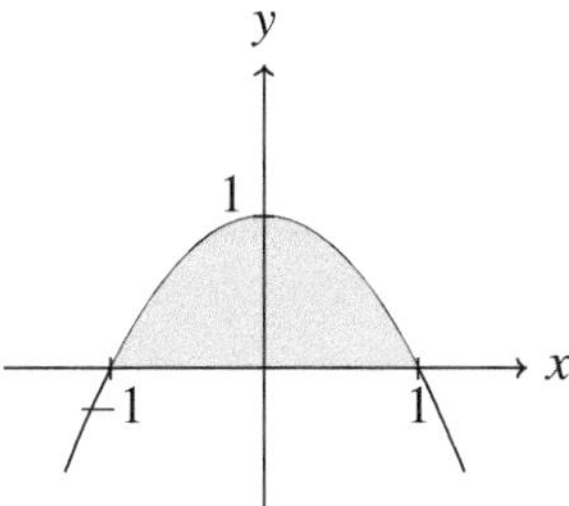

شكل 8.2: مساحة السطح المحصور بين التابع f ومحور الإحداثيات x.

من الواضح أنّ الرسم البياني للتابع f يحصر سطحاً مع المحور x في المجال $[-1, 1]$ ويمكننا حساب مساحة هذا السطح كالتالي:

$$\left| \int_{-1}^{1} (-x^2 + 1)\, \mathrm{d}x \right| = \left| \left[-\frac{1}{3} x^3 + x \right]_{-1}^{1} \right| = \left| \frac{4}{3} \right| = \frac{4}{3}.$$

من الجدير بالذكر أنّ هذه الطريقة لا تمكننا دائماً من حساب مساحة السطح المحصور بين خط بياني والمحور x كما سنرى في المثال التالي:

مثال 8.9 نريد حساب مساحة السطح المحصور بين الخط البياني للتابع $f(x) = x^3$ ومحور الإحداثيات x على المجال $[-1, 1]$.

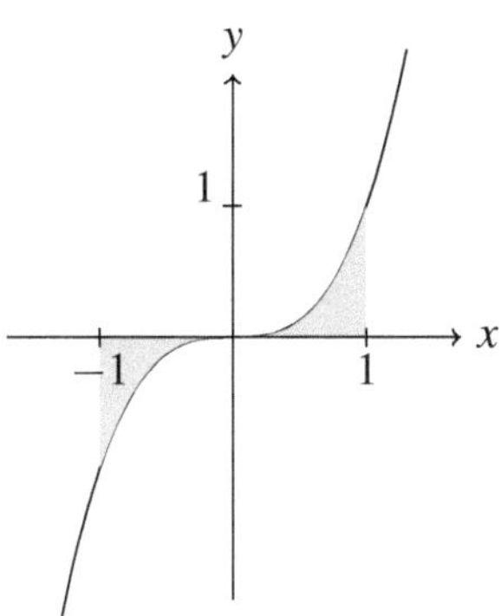

شكل 8.3: المساحة المحصورة بين الرسم البياني للتابع f ومحور الإحداثيات x.

لنحاول الآن حساب المساحة بنفس الطريقة المتبعة في المثال السابق، عندئذٍ نحصل على:

$$\int_{-1}^{1} x^3\, \mathrm{d}x = \left[\frac{1}{4} x^4 \right]_{-1}^{1} = 0$$

Obwohl der Graph eine Fläche einschließt, erhalten wir beim Auswerten des Integrals 0. Das Problem hier ist die Tatsache, dass ein Teil der Fläche über und ein Teil der Fläche unter der x-Achse liegen. Dieses Problem lässt sich beheben indem man nur "zusammenhängende" Flächeninhalte auf diese Weise berechnet und anschließend die Beträge der Ergebnisse addiert. Wir berechnen also

$$\int_{-1}^{0} x^3 \, \mathrm{d}x = \left[\frac{1}{4} x^4 \right]_{-1}^{0} = -\frac{1}{4},$$

$$\int_{0}^{1} x^3 \, \mathrm{d}x = \left[\frac{1}{4} x^4 \right]_{0}^{1} = \frac{1}{4}.$$

Nun ist die Fläche, die der Graph von f im Intervall $[-1,1]$ mit der x-Achse einschließt gegeben durch

$$A = \left| -\frac{1}{4} \right| + \left| \frac{1}{4} \right| = \frac{1}{2}.$$

Bemerkung 8.10 Möchte man den Flächeninhalt der Fläche berechnen, die eine gegebene Funktion f auf einem Intervall $[a,b]$ mit der x-Achse einschließt, so bestimmt man zunächst alle Nullstellen von f in $[a,b]$. Anschließend integriert man die Funktion f auf den Teilintervallen, die durch die Nullstellen getrennt sind. Die Fläche ist dann gegeben durch die Summe der Beträge der berechneten Integrale.

Wir wissen nun wie man im Allgemeinen den Flächeninhalt einer Fläche berechnet, die eine Funktion mit der x-Achse einschließt. Im Folgenden interessieren wir uns für Flächen, die von Graphen von zwei Funktionen eingeschlossen werden.

Beispiel 8.11 Wir möchten den Flächeninhalt der Fläche berechnen, die von den Graphen der Funktionen

$$f(x) := x^2$$
$$g(x) := 2x + 3$$

eingeschlossen wird, wobei $f(-1) = g(-1)$ und $f(3) = g(3)$ (siehe Abbildung 8.4).

Um diese Fläche zu berechnen definieren wir uns die *Differenzfunktion*

$$h(x) := f(x) - g(x) = x^2 - 2x - 3.$$

Diese Funktion gibt uns in jedem Punkt x genau den Abstand der Graphen von f und g in y-Richtung. Der Flächeninhalt der eingeschlossenen Fläche ist nun der Betrag des Integrals von h im Intervall $[-1,3]$. Der Flächeninhalt ist also

$$\left| \int_{-1}^{3} h(x) \, \mathrm{d}x \right| = \left| \int_{-1}^{3} x^2 - 2x - 3 \, \mathrm{d}x \right| = \left| \left[\frac{1}{3} x^3 - x^2 - 3x \right]_{-1}^{3} \right| = \left| -\frac{32}{3} \right| = \frac{32}{3}.$$

على الرغم من وجود مساحة محصورة بين الرسم البياني للتابع والمحور x ولكن بحساب التكامل نحصل على 0.
المشكلة هنا هي أنّ جزءً من السطح المحصور يقع فوق محور الإحداثيات x والجزء الثاني تحته، ولكن يمكن تفادي
هذه المشكلة وذلك من خلال استخدام طريقة الحل السابقة ولكن لحساب مساحة كل من الأسطح المترابطة على حدا،
وبعد ذلك نقوم بجمع النتائج الجزئية التي حصلنا عليها كالتالي:

$$\int_{-1}^{0} x^3 \, dx = \left[\frac{1}{4}x^4\right]_{-1}^{0} = -\frac{1}{4}$$

$$\int_{0}^{1} x^3 \, dx = \left[\frac{1}{4}x^4\right]_{0}^{1} = \frac{1}{4}$$

وبذلك نجد أنّ المساحة المحصورة بين الرسم البياني للتابع والمحور x على المجال $[-1,1]$ هي:

$$A = \left|-\frac{1}{4}\right| + \left|\frac{1}{4}\right| = \frac{1}{2}$$

ملاحظة 8.10 إذا أردنا حساب مساحة السطح المحصور بين تابع معين f ومحور الإحداثيات x على المجال $[a,b]$
نقوم بداية بتحديد جذور التابع f (النقاط التي تعدمه) في المجال $[a,b]$. بعد ذلك نكامل التابع f على كل من مجالات
التعريف الجزئية التي يفصل بينها جذور التابع. عندئذٍ تعطى مساحة السطح الكلي بجمع قيم التكاملات المحسوبة.

نعلم الآن كيفية حساب مساحة السطح المحصور بين الخط البياني لتابع ومحور الإحداثيات x، والآن سنتعلم كيفية
حساب مساحة السطح المحصور بين خطيّن بيانيين لتابعين.

مثال 8.11 نريد حساب مساحة السطح المحصور بين الخطين البيانيين للتابعين التاليين:

$$f(x) := x^2$$
$$g(x) := 2x+3$$

حيث أنّ $f(-1) = g(-1)$ و $f(3) = g(3)$ (انظر الشكل 8.4).
لحساب هذه المساحة سنعرّف "دالة الفرق":

$$h(x) := f(x) - g(x) = x^2 - 2x - 3$$

هذا التابع يعطينا البعد الدقيق بين الخطين البيانيين للتابعين f و g عند كل نقطة x باتجاه المحور y. مساحة
السطح المحصور بين الرسمين البيانيين هي مقدار تكامل التابع h على المجال $[-1,3]$ ويساوي:

$$\left|\int_{-1}^{3} h(x)\,dx\right| = \left|\int_{-1}^{3} x^2 - 2x - 3\,dx\right| = \left|\left[\frac{1}{3}x^3 - x^2 - 3x\right]_{-1}^{3}\right| = \left|-\frac{32}{3}\right| = \frac{32}{3}$$

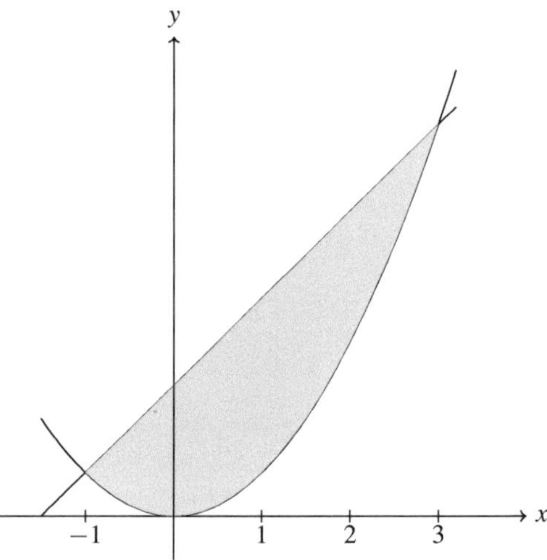

Abb. 8.4: Die Fläche, die die Graphen von f und g einschließen.

Bemerkung 8.12 Der Flächeninhalt einer Fläche die von zwei Funktionen eingeschlossen wird lässt sich stets mithilfe der Differenzfunktion berechnen. Auch hier integriert man die Differenzfunktion wieder "von Nullstelle zu Nullstelle".

8.3 Aufgaben

Aufgabe 8.1 Bestimmen Sie

$$\int 3x^2 + 12x + 3 \, dx.$$

Aufgabe 8.2 Berechnen Sie

$$\int_0^1 5x^4 + 12x^3 - x^2 + 3 \, dx.$$

Aufgabe 8.3 Berechnen Sie zunächst die Schnittpunkte der Funktionen

$$f(x) = x^2 - 1,$$
$$g(x) = -x^2 + 1.$$

Was ist der Flächeninhalt der Fläche, die die beiden Funktionen zwischen diesen Punkten einschließen?

Aufgabe 8.4 Berechnen Sie den Flächeninhalt der Fläche, die von den Funktionen

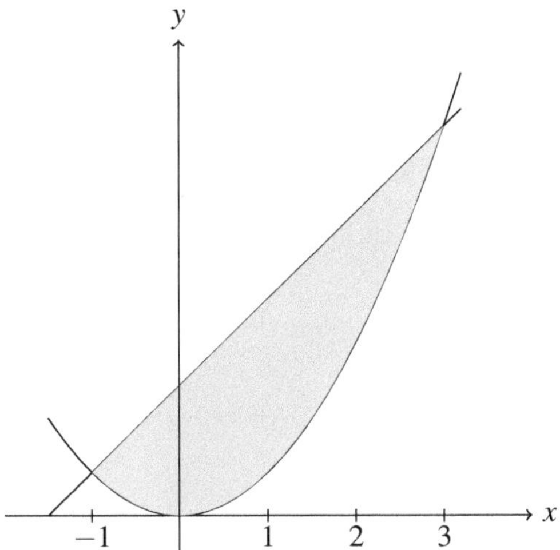

شكل 8.4: السطح المحصور بين الخطين البيانيين للتابعين f و g.

ملاحظة 8.12 يمكننا دائماً حساب مساحة السطح المحصور بين تابعين وذلك بالاعتماد على دالة الفرق. هنا أيضاً نكامل تابع الفرق "من نقطة جذر إلى نقطة الجذر التالية".

8.3 تمارين

تمرين 8.1 احسب التكامل التالي.

$$\int 3x^2 + 12x + 3\,dx$$

تمرين 8.2 احسب التكامل التالي.

$$\int_0^1 5x^4 + 12x^3 - x^2 + 3\,dx$$

تمرين 8.3 أوجد نقاط تقاطع التابعين التاليين.

$$f(x) = x^2 - 1$$
$$g(x) = -x^2 + 1$$

ثم احسب مساحة السطح المحصور بين الخطين البيانيين للتابعين بين نقاط تقاطعهما.

تمرين 8.4 احسب مساحة السطح المحصور بين الخطين البيانيين للتابعين التاليين.

$$f(x) = \frac{2}{x},$$
$$g(x) = -x + 3.$$

eingeschlossen wird.

$$f(x) = \frac{2}{x}$$
$$g(x) = -x + 3$$

Lösungen zu den Aufgaben

Kapitel 1

1.1

1. Die Nullstellen des Polynoms sind $x_1 = -2$ und $x_2 = -7$. Die Faktorisierung lautet daher

$$x^2 + 9x + 14 = (x+2)(x+7).$$

2. Die Nullstellen des Polynoms sind $x_1 = -2$ und $x_2 = \frac{1}{2}$ und daher lautet die Faktorisierung

$$2x^2 + 3x - 2 = 2(x+2)(x-\frac{1}{2}).$$

   Die 2 vor den Linearfaktoren entsteht dadurch, dass das Polynom nicht normiert ist, sondern der Leitkoeffizient den Wert 2 hat.

3. Dieses Polynom hat nur die Nullstelle $x_1 = 5$, allerdings mit der Vielfachheit 2. Daher ist

$$x^2 - 10x + 25 = (x-5)^2.$$

4. Dieses Polynom hat keine reellen Nullstellen und liegt daher bereits in der (reellen) Faktorisierung vor.

5. Dieses Polynom hat nur die reelle Nullstelle $x_1 = 0$ von der Vielfachheit 1 und daher ist die (reelle) Faktorisierung

$$x^3 + x^2 + x = x(x^2 + x + 1).$$

6. Das Polynom hat die Nullstellen $x_1 = -2$, $x_2 = -\frac{1}{2}$ und $x_3 = \frac{1}{2}$ und den Leitkoeffizienten 4. Die Faktorisierung ist daher

$$4x^3 + 8x^2 - x - 2 = 4(x+2)(x+\frac{1}{2})(x-\frac{1}{2}).$$

7. Die Nullstellen berechnen sich zu $x_{1,2} = \pm 1$ und $x_{3,4} = \pm 2$. Die Faktorisierung lautet daher:

© Springer-Verlag GmbH Deutschland, ein Teil von Springer Nature 2018
M. Weber, *Basiswissen Mathematik auf Arabisch und Deutsch –*
أساسيات في الرياضيات باللغتين العربية والالمانية, https://doi.org/10.1007/978-3-662-58071-4_9

حلول التمارين

الفصل الأوّل

1.1

1. لكثيرة الحدود الجذرين $x_1 = -2$ و $x_2 = -7$. بالتالي يمكن كتابتها على الشكل:

$$x^2 + 9x + 14 = (x+2)(x+7).$$

2. لكثيرة الحدود الجذرين $x_1 = -2$ و $x_2 = \frac{1}{2}$. بالتالي يمكن كتابتها على الشكل:

$$2x^2 + 3x - 2 = 2(x+2)(x - \frac{1}{2}).$$

نلاحظ وجود الرقم 2 وذلك لأنّ كثيرة الحدود ليست مونيك بل معاملها الرئيسي يحمل القيمة 2.

3. لكثيرة الحدود هذه الجذر الوحيد $x_1 = 5$ ولكن له التعددية 2، لذلك تكون:

$$x^2 - 10x + 25 = (x-5)^2.$$

4. كثيرة الحدود هذه لا تملك جذوراً حقيقية، وبالتالي لا يمكن تجزئتها أكثر.

5. لكثيرة الحدود هذه الجذر الوحيد $x_1 = 0$ ذو التعددية 1. بالتالي تكون:

$$x^3 + x^2 + x = x(x^2 + x + 1).$$

6. لكثيرة الحدود هذه الجذور $x_1 = -2$، $x_2 = -\frac{1}{2}$ و $x_3 = \frac{1}{2}$، كما لها المعامل الرئيسي 4. بالتالي تكون:

$$4x^3 + 8x^2 - x - 2 = 4(x+2)(x + \frac{1}{2})(x - \frac{1}{2}).$$

7. الجذور هي $x_{1,2} = \pm 1$ و $x_{3,4} = \pm 2$. بالتالي تكون التجزئة:

$$x^4 - 5x^2 + 4 = (x+1)(x-1)(x+2)(x-2).$$

8. Die fünf reellen Nullstellen des Polynoms lauten $x_1 = 0$, $x_{2,3} = \pm 1$ und $x_{4,5} = \pm 4$. Die Faktorisierung ist daher

$$2x^5 - 34x^3 + 32x = 2x(x-1)(x+1)(x-4)(x+4)$$

1.2

$$(x-1)(x-\sqrt{2})^2 = x^3 - (2\sqrt{2}+1)x^2 + (2\sqrt{2}+2)x - 2$$

und

$$2(x^3 - (2\sqrt{2}+1)x^2 + (2\sqrt{2}+2)x - 2)$$

erfüllen die Voraussetzungen.

Kapitel 2

2.1

1. $x_1 = -1, x_2 = -4, x_3 = 3$
2. $x = 2, y = 1, z = \frac{1}{2}$
3. $x_1 = 2, x_2 = 3, x_3 = -1$

2.2

1. Die Determinante der Matrix beträgt -819, das dazugehörige Gleichungssystem ist also eindeutig lösbar für alle Wahlen der b_i.
2. Die Determinante der Matrix beträgt 0, das Gleichungssystem ist also nicht eindeutig lösbar. Für $b_1 = b_2 = b_3 = 0$ hat das LGS die Lösung $x_1 = x_2 = x_3 = 0$ und damit auch unendlich viele Lösungen, da sie nicht eindeutig sein kann.
3. Auch diese Matrix hat Determinante 0. Mit der gleichen Argumentation wie in 2. hat das LGS für $b_1 = b_2 = b_3 = 0$ unendlich viele Lösungen.

Kapitel 3

3.1

1. $\begin{pmatrix} 8 \\ \frac{9}{2} \\ 13 \end{pmatrix}$
2. Beide Skalarprodukte ergeben 9.
3. $\frac{3}{\sqrt{87}} \approx 0,3216$

4. $\begin{pmatrix} 7 \\ 2 \\ -5 \end{pmatrix}, \quad \begin{pmatrix} -7 \\ -2 \\ 5 \end{pmatrix}$
5. 0

$$x^4 - 5x^2 + 4 = (x+1)(x-1)(x+2)(x-2).$$

8. الجذور هي $x_1 = 0$، $x_{2,3} = \pm 1$ و $x_{4,5} = \pm 4$. بالتالي تكون:

$$2x^5 - 34x^3 + 32x = x(x-1)(x+1)(x-4)(x+4)$$

1.2

$$(x-1)(x-\sqrt{2})^2 = x^3 - (2\sqrt{2}+1)x^2 + (2\sqrt{2}+2)x - 2$$

و

$$2(x^3 - (2\sqrt{2}+1)x^2 + (2\sqrt{2}+2)x - 2)$$

تحققان هذا الشرط.

الفصل الثاني

2.1

1. $x_1 = -1, x_2 = -4, x_3 = 3$
2. $x = 2, y = 1, z = \frac{1}{2}$
3. $x_1 = 2, x_2 = 3, x_3 = -1$

2.2

1. محدّد المصفوفة هو $819-$، لذلك يكون نظام المعادلات الخطية الممثّل بالمصفوفة واضح الحل لأيّ b_i.
2. محدّد المصفوفة هو 0، لذلك ليس لنظام المعادلات حلاً واضحاً. من أجل $b_1 = b_2 = b_3 = 0$ يكون لنظام المعادلات الحل $x_1 = x_2 = x_3 = 0$ وغيره أيضاً عدد لانهائي من الحلول لعدم إمكانية وجود حل وحيد واضح.
3. أيضاً هذه المصفوفة لها المحدّد 0، ولنظام المعادلات كما في 2 ومن أجل $b_1 = b_2 = b_3 = 0$ عدد لا نهائي من الحلول.

الفصل الثالث

3.1

1. $\begin{pmatrix} 8 \\ \frac{9}{2} \\ 13 \end{pmatrix}$

4. $\begin{pmatrix} 7 \\ 2 \\ -5 \end{pmatrix}$, $\begin{pmatrix} -7 \\ -2 \\ 5 \end{pmatrix}$

2. حاصل الضرب القياسي هو 9 في الحالتين.

5. 0

3. $\frac{3}{\sqrt{87}} \approx 0{,}3216$

3.2

1. $\begin{pmatrix} -7 \\ 2 \end{pmatrix}$

2. $\begin{pmatrix} 0 \\ -2 \\ 1 \end{pmatrix}$

3. $\begin{pmatrix} -3 \\ 2 \\ 5 \end{pmatrix} \times \begin{pmatrix} -1 \\ 3 \\ 0 \end{pmatrix} = \begin{pmatrix} -15 \\ -5 \\ -7 \end{pmatrix}$

3.3

Der rotmarkierte Vektor $2(\mathbf{x} + \mathbf{y}) = \begin{pmatrix} 7 \\ 6 \end{pmatrix}$ hat die Länge $\sqrt{85}$.

Kapitel 4

4.1

1. $2 - \frac{\pi}{2}$
2. 6
3. 3π

4.2

1. $\frac{9}{2}$
2. $\frac{4}{3}\pi$

Kapitel 5

5.1 Der Graph der Funktion

$$f(x) = -(-x^3)$$

sieht wie in Abbildung 9.1 aus.

3.2

$\begin{pmatrix} -7 \\ 2 \end{pmatrix}$ .1

$\begin{pmatrix} 0 \\ -2 \\ 1 \end{pmatrix}$ .2

$\begin{pmatrix} -3 \\ 2 \\ 5 \end{pmatrix} \times \begin{pmatrix} -1 \\ 3 \\ 0 \end{pmatrix} = \begin{pmatrix} -15 \\ -5 \\ -7 \end{pmatrix}$ .3

3.3

للشعاع الملوّن بالأحمر $(\mathbf{x} + \mathbf{y}) = \begin{pmatrix} 7 \\ 6 \end{pmatrix}$ الطول $2\sqrt{85}$.

الفصل الرابع

4.1

$2 - \frac{\pi}{2}$ .1

6 .2

3π .3

4.2

$\frac{9}{2}$ .1

$\frac{4}{3}\pi$ .2

الفصل الخامس

5.1 الخط البياني للتابع

$$f(x) = -(-x^3)$$

يرسم كما في الشكل 9.1.

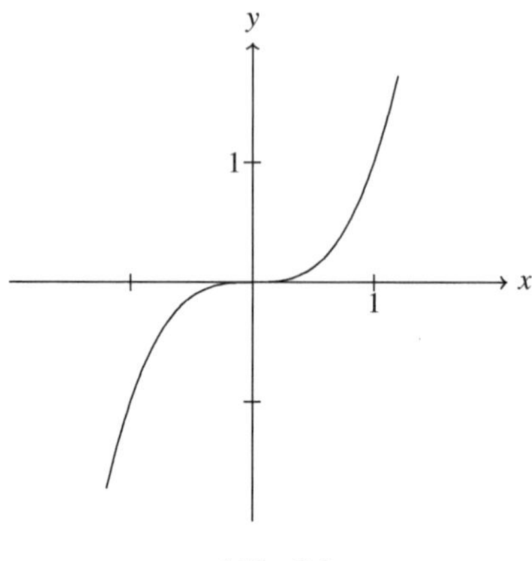

Abb. 9.1

Es gilt nämlich

$$-(-x^3) = x^3,$$

d.h. die Spiegelung von x^3 entlang der x-Achse bewirkt das Gleiche, wie die Spiegelung entlang der y-Achse.

5.2 Der Graph der Funktion

$$f(x) = -\frac{1}{(x-3)^2} + 3.$$

sieht wie in Abbildung 9.2 aus.

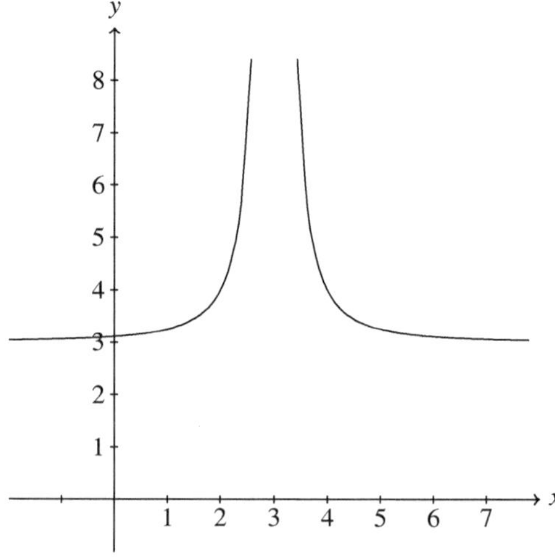

Abb. 9.2

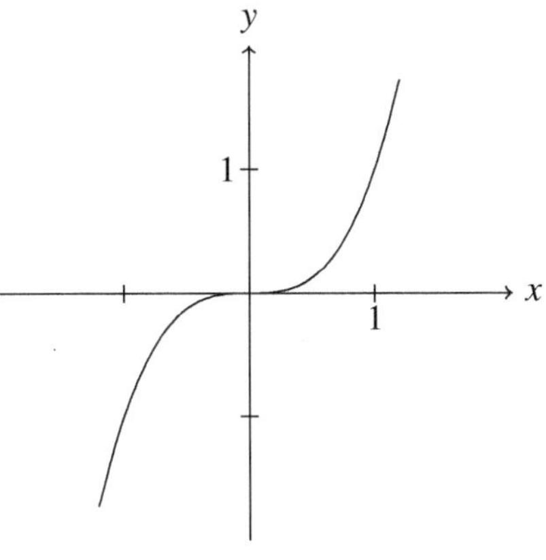

شكل 9.1:

حيث أنّ

$$-(-x^3) = x^3$$

أي أنّ انعكاس التابع x^3 بالنسبة للمحور x له نفس تأثير الانعكاس بالنسبة للمحور y.

5.2 الخط البياني للتابع

$$f(x) = -\frac{1}{(x-3)^2} + 3$$

يرسم كما في الشكل 9.2.

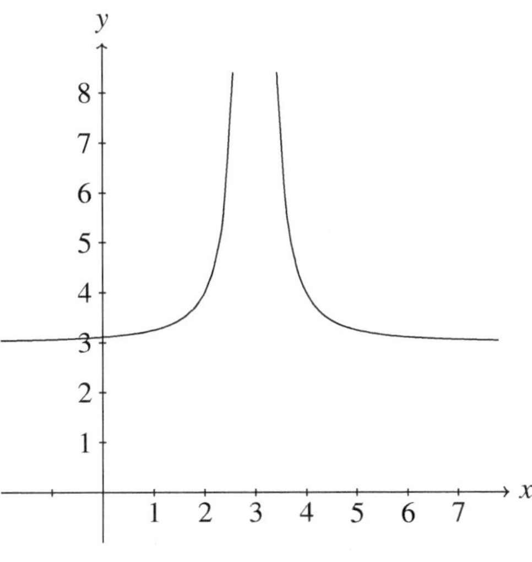

شكل 9.2:

Der größtmögliche Definitionsbereich ist $\mathbb{R} \setminus \{3\}$, denn die einzige Zahl, die wir nicht in die Formel einsetzen können ist die 3.

5.3 Zunächst einmal schreiben wir die Funktion um und sehen, dass

$$f(x) = x^2 - 4x + 2 = (x-2)^2 - 2.$$

Daher sieht der Graph wie in Abbildung 9.3 aus.

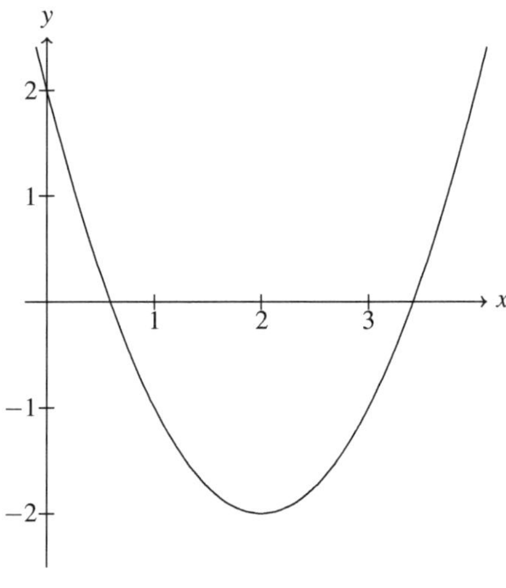

Abb. 9.3

5.4 Zunächst einmal schreiben wir die Funktion um und sehen, dass

$$f(x) = -\sqrt{(-x+1)^2} + 1 = -(-x+1) + 1 = x.$$

Daher sieht der Graph wie in Abbildung 9.4 aus.

ومجموعة التعريف الأكبر للتابع هي $\mathbb{R} \setminus \{3\}$، وذلك لأنّ الرقم 3 هو الرقم الوحيد الذي لا يمكننا حساب قيمة التابع عنده.

5.3 بداية سنعيد كتابة التابع بالصيغة التالية:

$$f(x) = x^2 - 4x + 2 = (x-2)^2 - 2$$

لذلك يمكننا رسم الخط البياني للتابع كما هو مبيّن في الشكل 9.3.

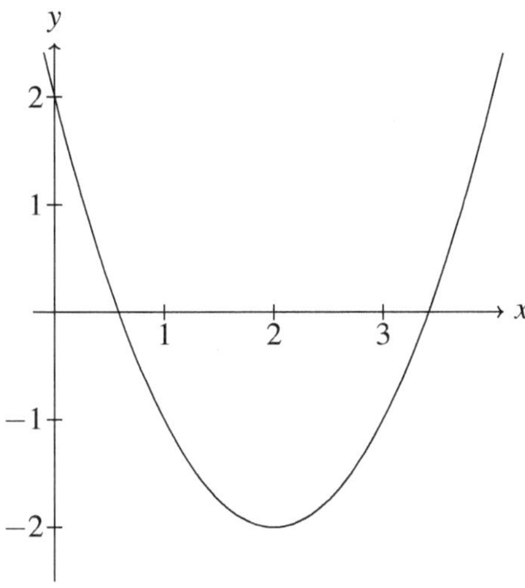

شكل 9.3:

5.4 بداية سنعيد كتابة التابع بالصيغة التالية:

$$f(x) = -\sqrt{(-x+1)^2} + 1 = -(-x+1) + 1) = x$$

لذلك يمكننا رسم الخط البياني للتابع كما هو مبيّن في 9.4.

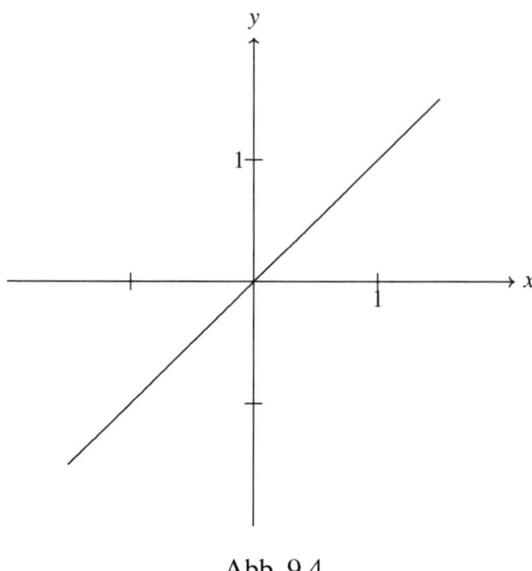

Abb. 9.4

5.5 Der Graph der Funktion

$$f(x) = 3\sin(x - \frac{\pi}{2}) + 1.$$

sieht wie in Abbildung 9.5 aus.

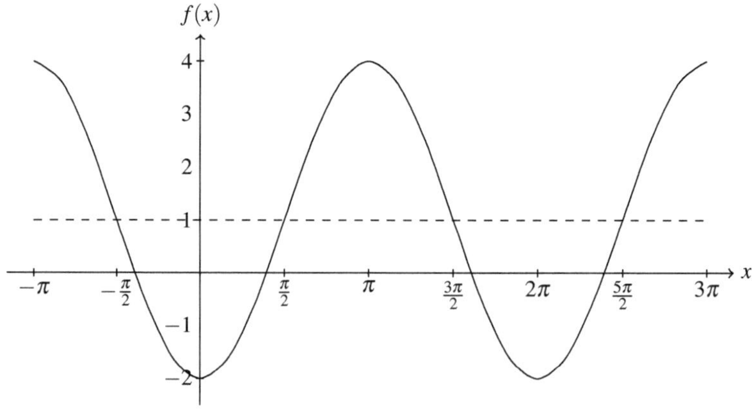

Abb. 9.5

5.6 Mithilfe der Potenz- und Logarithmusgesetze erhalten wir

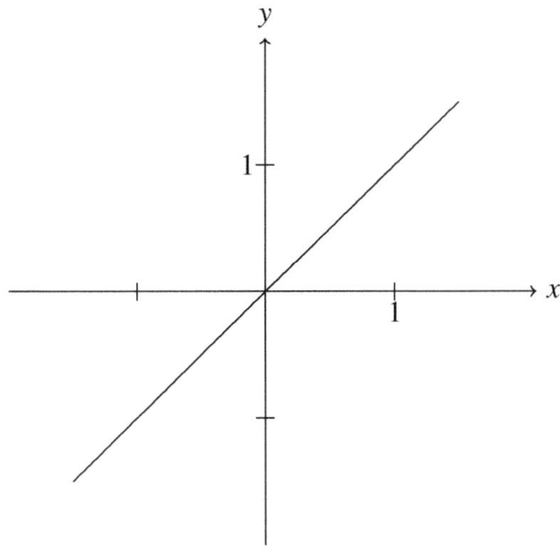

شكل 9.4:

5.5 الخط البياني للتابع

$$f(x) = 3\sin(x - \frac{\pi}{2}) + 1$$

يرسم كما في الشكل 9.5.

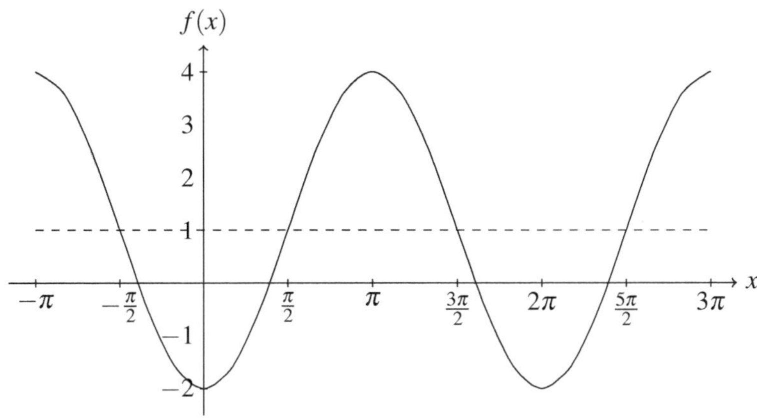

شكل 9.5:

5.6 بمساعدة قوانين اللوغاريتم والأسس نحصل على:

$$e^{1-\ln(3)} - \ln(e^2) - \ln(e^{17}) = \frac{e^1}{e^{\ln(3)}} - 2 - 17$$
$$= \frac{e}{3} - 19.$$

Kapitel 6

6.1 Da der Grad des Polynoms im Zähler mit dem Grad des Polynoms im Nenner übereinstimmt, gilt

$$\lim_{x \to \infty} \frac{-3x^2 + 17x - 1692}{5x^2 - 24x + 1691} = -\frac{3}{5}.$$

6.2 Da der Grad des Polynoms im Zähler größer ist, als der Grad des Polynoms im Nenner, gilt

$$\lim_{x \to -\infty} \frac{7x^5 + 3x + 91}{-5x^2 - 2x + 1} = \infty,$$

denn

$$\frac{7}{-5} \cdot (-1)^{5-2} = \frac{7}{5} > 0.$$

6.3 Es gilt

$$\lim_{x \to 0} 3x \cdot \ln(x) = 0,$$

denn "Potenzen schlagen Logarithmen" bei der Grenzwertbetrachtung.

6.4 Es gilt

$$\lim_{x \to 0} \ln(x) \cdot e^x = -\infty,$$

denn

$$\lim_{x \to 0} \ln(x) = -\infty$$

und

$$\lim_{x \to 0} e^x = 1.$$

6.5 Die Funktion

$$f(x) = \frac{x^2 + 6x - 27}{x + 9}$$

hat eine Definitionslücke im Punkt -9. Um den Typ der Definitionslücke zu bestimmen, schreiben wir den Term zunächst um

$$e^{1-\ln(3)} - \ln(e^2) - \ln(e^{17}) = \frac{e^1}{e^{\ln(3)}} - 2 - 17$$
$$= \frac{e}{3} - 19$$

الفصل السادس

6.1 بما أنّ درجة كثير الحدود في البسط مساوية لها في المقام يكون:

$$\lim_{x \to \infty} \frac{-3x^2 + 17x - 1692}{5x^2 - 24x + 1691} = -\frac{3}{5}$$

6.2 بما أنّ درجة كثير الحدود في البسط أكبر منها في المقام يكون:

$$\lim_{x \to -\infty} \frac{7x^5 + 3x + 91}{-5x^2 - 2x + 1} = \infty$$

وذلك لأنّ

$$\frac{7}{-5} \cdot (-1)^{5-2} = \frac{7}{5} > 0$$

6.3 النهاية التالية مساوية للصفر وذلك لأنّ الأسس أقوى من اللوغاريتم فيما يتعلّق بحساب النهايات.

$$\lim_{x \to 0} 3x \cdot \ln(x) = 0$$

6.4 هذه النهاية تساوي

$$\lim_{x \to 0} \ln(x) \cdot e^x = -\infty$$

وذلك لأنّ

$$\lim_{x \to 0} \ln(x) = -\infty$$

كما أنّ

$$\lim_{x \to 0} e^x = 1.$$

6.5 بدراسة التابع التالي

$$f(x) = \frac{x^2 + 6x - 27}{x + 9}$$

يتبيّن لنا وجود نقطة عدم تعيين عند -9 ولمعرفة نوع هذه النقطة نعيد كتابة التابع بصيغة أخرى كما يلي:

$$\frac{x^2 + 6x - 27}{x + 9} = \frac{(x-3)(x+9)}{x+9} = x - 3.$$

Nun gilt also

$$\lim_{x \to -9} f(x) = \lim_{x \to -9} x - 3 = -12,$$

sodass -9 eine Lücke im Graph ist.

6.6 Es gilt

$$\lim_{x \to 0} x \cdot \ln(x) = 0,$$

denn Potenzen schlagen Logarithmen. Damit ist die Definitionslücke in 0 eine Lücke im Graph.

Kapitel 7

7.1 Es gilt

$$f'(x) = 7 \cdot 2 \cdot x + 2 + 6 \cdot (-2) \cdot x^{-3}$$
$$= 14 \cdot x + 2 - \frac{12}{x^3}.$$

7.2 Wir benutzen zwei Mal die Kettenregel und erhalten

$$f'(x) = 2 \cdot \sin(\cos(x)) \cdot (\sin(\cos(x)))'$$
$$= -2 \cdot \sin(\cos(x)) \cdot \cos(\cos(x)) \cdot \sin(x).$$

7.3 Es gilt

$$f'(x) = 21 \cdot x^6 + 12.$$

Die Tangente an den Graphen von f im Punkt $x_p = 1$ ist gegeben durch

$$t(x) = f'(1) \cdot x + (f(1) - f'(1) \cdot 1)$$
$$= 33 \cdot x - 12.$$

7.4 Es gilt zunächst

$$f'(x) = x^2 + x - 2.$$

Wir suchen nun die Nullstellen der ersten Ableitung. Es gilt

$$\frac{x^2+6x-27}{x+9} = \frac{(x-3)(x+9)}{x+9} = x-3$$

إذاً

$$\lim_{x\to-9} f(x) = \lim_{x\to-9} x-3 = -12$$

نستنتج أنّ -9 هي انقطاع في الخط البياني.

6.6 نهاية التابع عند 0 تساوي

$$\lim_{x\to 0} x\cdot\ln(x) = 0$$

وذلك لأنّ الأسس أقوى من اللوغاريتم فيما يتعلق بحساب النهايات وبذلك تكون نقطة عدم التعيين هذه عبارة عن انقطاع في الخط البياني فقط.

الفصل السابع

7.1 مشتق التابع يساوي

$$f'(x) = 7\cdot 2\cdot x + 2 + 6\cdot(-2)\cdot x^{-3}$$
$$= 14\cdot x + 2 - \frac{12}{x^3}$$

7.2 باستخدام قاعدة السلسلة لمرتين متتاليتين ينتج

$$f'(x) = 2\cdot \sin(\cos(x))\cdot (\sin(\cos(x)))'$$
$$= 2\cdot \sin(\cos(x))\cdot \cos(\cos(x))\cdot \sin(x)$$

7.3 مشتق التابع يساوي

$$f'(x) = 21\cdot x^6 + 12$$

معادلة مماس التابع f عند النقطة $x_p = 1$ تعطى بالعلاقة

$$t(x) = f'(1)\cdot x + (f(1) - f'(1)\cdot 1)$$
$$= 33\cdot x - 12$$

7.4 بدايةً نحسب مشتق التابع

$$f'(x) = x^2 + x - 2$$

والآن علينا إيجاد جذور المشتق الأول

$$x^2 + x - 2 = 0$$
$$\Leftrightarrow \quad (x-1) \cdot (x+2) = 0$$
$$\Rightarrow \quad x = 1 \quad \text{oder} \quad x = -2.$$

Um die gefundenen Stellen zu klassifizieren, setzen wir diese in die zweite Ableitung ein. Es gilt

$$f''(x) = 2 \cdot x + 1,$$

also $f''(1) = 3 > 0$ und $f''(-2) = -3 < 0$. Damit ist $f(1) = -\dfrac{7}{6}$ ein lokales Minimum und $f(-2) = \dfrac{10}{3}$ ein lokales Maximum von f.

7.5 Es gilt zunächst mit der Produktregel

$$f'(x) = \frac{1}{2} \cdot x \cdot \exp(2x) + \frac{1}{2} \cdot x^2 \cdot \exp(2x)$$
$$= \frac{\exp(2x)}{2} \cdot (x + x^2).$$

Wir suchen nun die Nullstellen der ersten Ableitung. Es gilt

$$\frac{\exp(2x)}{2} \cdot (x + x^2) = 0$$
$$\Leftrightarrow \quad x + x^2 = 0 \qquad (\text{da } \exp(2x) > 0)$$
$$\Rightarrow \quad x = 0 \quad \text{oder} \quad x = -1.$$

Um die gefundenen Stellen zu klassifizieren, setzen wir diese in die zweite Ableitung ein. Es gilt

$$f''(x) = \exp(2x) \cdot (x^2 + x) + \frac{\exp(2x)}{2} \cdot (2 \cdot x + 1)$$
$$= \exp(2x) \cdot (x^2 + 2 \cdot x + \frac{1}{2}),$$

also $f''(0) = \dfrac{1}{2} > 0$ und $f''(-1) = -\dfrac{1}{2 \cdot \exp(2)} < 0$. Damit ist $f(0) = 0$ ein lokales Minimum und $f(-1) = \dfrac{1}{4 \cdot \exp(2)}$ ein lokales Maximum von f.

$$x^2 + x - 2 = 0$$
$$\Leftrightarrow \qquad (x-1)\cdot(x+2) = 0$$
$$\Rightarrow \qquad x = 1 \quad \text{أو} \quad x = -2.$$

ولمعرفة نوع القيم الحدية عند نقاط الجذر نعوّض هذه النقاط في المشتق الثاني

$$f''(x) = 2\cdot x + 1$$

عندها نجد أنّ $f''(1) = 3 > 0$ وأنّ $f''(-2) = -3 < 0$. بذلك تكون $f(1) = -\dfrac{7}{6}$ قيمة صغرى محلياً وتكون $f(-2) = \dfrac{10}{3}$ قيمة كبرى محلياً للتابع f.

7.5 بمساعدة قاعدة الضرب نحسب المشتق الأوّل

$$f'(x) = \frac{1}{2}\cdot x\cdot \exp(2x) + \frac{1}{2}\cdot x^2\cdot \exp(2x)$$
$$= \frac{\exp(2x)}{2}\cdot(x + x^2).$$

والآن علينا إيجاد جذور المشتق الأوّل

$$\frac{\exp(2x)}{2}\cdot(x + x^2) = 0$$
$$\Leftrightarrow \qquad x + x^2 = 0 \qquad\qquad (\text{لأنّ } \exp(2x) > 0)$$
$$\Rightarrow \qquad x = 0 \quad \text{oder} \quad x = -1.$$

ولمعرفة نوع القيم الحديّة عند نقاط الجذر نعوّض هذه النقاط في المشتق الثاني

$$f''(x) = \exp(2x)\cdot(x^2 + x) + \frac{\exp(2x)}{2}\cdot(2\cdot x + 1)$$
$$= \exp(2x)\cdot(x^2 + 2\cdot x + \frac{1}{2}),$$

عندها نجد أنّ $f''(0) = \dfrac{1}{2} > 0$ وأنّ $f''(-1) = -\dfrac{1}{2\cdot\exp(2)} < 0$. بذلك تكون $f(0) = 0$ قيمة صغرى محلياً وتكون $f(-1) = \dfrac{1}{4\cdot\exp(2)}$ قيمة كبرى محلياً للتابع f.

Kapitel 8

8.1 Es gilt

$$\int 3x^2 + 12x + 3\,dx = x^3 + 6x^2 + 3x.$$

8.2 Es gilt

$$\int_0^1 5x^4 + 12x^3 - x^2 + 3\,dx = \left[x^5 + 3x^4 - \frac{1}{3}x^3 + 3x \right]_0^1$$
$$= \frac{20}{3}$$

8.3 Wir bilden zunächst die Differenzfunktion

$$h(x) = (x^2 - 1) - (-x^2 + 1) = 2x^2 - 2.$$

Die Schnittpunkte von f und g sind genau die Nullstellen der Differenzfunktion h. Es gilt

$$
\begin{aligned}
& & 2x^2 - 2 &= 0 & &|+2 \\
\Leftrightarrow & & 2x^2 &= 2 & &|:2 \\
\Leftrightarrow & & x^2 &= 1 & &|\sqrt{} \\
\Rightarrow & & x = 1 \quad &\text{oder} \quad x = -1 &
\end{aligned}
$$

Zwischen -1 und 1 schließen f und g also eine Fläche ein. Der Flächeninhalt dieser Fläche ist gegeben durch

$$\left| \int_{-1}^1 h(x)\,dx \right| = \left| \int_{-1}^1 2x^2 - 2\,dx \right|$$
$$= \left| \left[\frac{2}{3}x^3 - 2x \right]_{-1}^1 \right|$$
$$= \frac{8}{3}.$$

8.4 Wir bilden zunächst die Differenzfunktion

$$h(x) = \frac{2}{x} - (-x + 3) = \frac{2}{x} + x - 3.$$

Die Schnittpunkte von f und g sind genau die Nullstellen der Differenzfunktion h. Es gilt

الفصل الثامن

8.1 عند مكاملة التابع نحصل على

$$\int 3x^2 + 12x + 3 \, dx = x^3 + 6x^2 + 3x$$

8.2 عند مكاملة التابع نحصل على

$$\int_0^1 5x^4 + 12x^3 - x^2 + 3 \, dx = \left[x^5 + 3x^4 - \frac{1}{3}x^3 + 3x \right]_0^1$$
$$= \frac{20}{3}$$

8.3 بداية نحسب دالة الفرق

$$h(x) = (x^2 - 1) - (-x^2 + 1) = 2x^2 - 2$$

نقاط تقاطع f و g هي نفسها جذور دالة الفرق h.

$$
\begin{array}{rrcll}
 & 2x^2 - 2 &=& 0 & \quad | + 2 \\
\Leftrightarrow & 2x^2 &=& 2 & \quad | : 2 \\
\Leftrightarrow & x^2 &=& 1 & \quad | \sqrt{} \\
\Rightarrow & x = 1 \quad \text{أو} & & x = -1 &
\end{array}
$$

المساحة المحصورة بين التابعين f و g تقع بين النقطتين -1 و 1 وتحسب كما يلي:

$$\left| \int_{-1}^1 h(x) \, dx \right| = \left| \int_{-1}^1 2x^2 - 2 \, dx \right|$$
$$= \left| \left[\frac{2}{3}x^3 - 2x \right]_{-1}^1 \right|$$
$$= \frac{8}{3}$$

8.4 بداية نحسب دالة الفرق

$$h(x) = \frac{2}{x} - (-x + 3) = \frac{2}{x} + x - 3$$

نقاط تقاطع f و g هي نفسها جذور دالة الفرق h.

$$\frac{2}{x} + x - 3 = 0 \qquad\qquad |\cdot x$$
$$\Leftrightarrow \qquad x^2 - 3x + 2 = 0$$
$$\Leftrightarrow \qquad (x-1)(x-2) = 0$$
$$\Rightarrow \qquad x = 1 \quad \text{oder} \quad x = 2$$

Zwischen 1 und 2 schließen f und g also eine Fläche ein. Der Flächeninhalt dieser Fläche ist gegeben durch

$$
\left| \int_1^2 h(x)\,\mathrm{d}x \right| = \left| \int_1^2 \frac{2}{x} + x - 3\,\mathrm{d}x \right|
$$
$$
= \left| \left[2\ln(x) + \frac{1}{2}x^2 - 3x \right]_1^2 \right|
$$
$$
= \left| 2\ln(x) + 2 - 6 - \left(2\ln(1) + \frac{1}{2} - 3\right) \right|
$$
$$
= \left| 2\ln(2) - \frac{3}{2} \right|.
$$

$$\frac{2}{x}+x-3=0 \qquad\qquad |\cdot x$$

$$\Leftrightarrow \qquad x^2-3x+2=$$

$$\Leftrightarrow \qquad (x-1)(x-2)=0$$

$$\Rightarrow \qquad x=1 \quad \text{أو} \quad x=2$$

المساحة المحصورة بين التابعين f و g تقع بين النقطتين 1 و 2 وتحسب كما يلي:

$$\left|\int_1^2 h(x)\,dx\right| = \left|\int_1^2 \frac{2}{x}+x-3\,dx\right|$$

$$= \left|\left[2\ln(x)+\frac{1}{2}x^2-3x\right]_1^2\right|$$

$$= \left|2\ln(x)+2-6-\left(2\ln(1)+\frac{1}{2}-3\right)\right|$$

$$= \left|2\ln(2)-\frac{3}{2}\right|$$

Weiterführende Literatur

Wie bereits im Vorwort erwähnt, kann und soll dieses Buch weder den gesamten Wissensstand auf dem Abiturniveau eines Grundkurses abdecken noch als abschließende Lektüre zur Vorbereitung auf ein MINT-Studium dienen. Im Gegenteil, Ziel dieses Buches ist es, das Mathematikwissen aus dem Abitur aufzufrischen und einen ersten Überblick über die Grundlagen für ein MINT-Studium zu liefern. Zur intensiveren Beschäftigung mit dem Stoff eines Mathematik-Abiturs in Deutschland sowie dem vertiefenden Einstieg in ein MINT-Studium empfehlen wir folgende Quellen:

- Bildungsstandards im Fach Mathematik für die Allgemeine Hochschulreife[1], Kultusministerkonferenz vom 18.10.2012[2] – offizielle Richtlinien für das Mathematikabitur in Deutschland inkl. Definition der Themen und Beispielaufgaben
- IQB Bildungsserver[3] – gemeinsamer Aufgabenpool der Bundesländer zum Mathematikabitur inkl. vieler Beispielaufgaben und erklärender Hinweise
- Niedersächsischer Bildungsserver[4] – ergänzend zu IQB und teilweise ausführlicher
- Baden-Württembergischer Bildungsserver[5] – ergänzend zu IQB und teilweise ausführlicher
- Klaus Fritzsche, Mathematik für Einsteiger, Springer Spektrum, 2015
- Wolfgang Pavel, Ralf Winkler, Mathematik für Naturwissenschaftler, Pearson Studium, 2007
- Josef Hainzl, Mathematik für Naturwissenschaftler, Springer Vieweg, 1981.
- Ernst-Albrecht Reinsch, Mathematik für Chemiker, Springer Vieweg, 2004.

---

[1] https://www.kmk.org/fileadmin/veroeffentlichungen_beschluesse/2012/2012_10_18-Bildungsstandards-Mathe-Abi.pdf

[2] https://www.kmk.org/dokumentation-statistik/beschluesse-und-veroeffentlichungen/bildung-schule/allgemeine-bildung.html#c1284

[3] https://www.iqb.hu-berlin.de/abitur

[4] nibis.de

[5] http://www.schule-bw.de/faecher-und-schularten/mathematisch-naturwissenschaftliche-faecher/mathematik

© Springer-Verlag GmbH Deutschland, ein Teil von Springer Nature 2018

M. Weber, *Basiswissen Mathematik auf Arabisch und Deutsch –*

أساسيات في الرياضيات باللغتين العربية والألمانية, https://doi.org/10.1007/978-3-662-58071-4

مراجع إضافية مقترحة

كما ذكرنا في المقدمة، لا يغطّي هذا الكتاب مستوى المعرفة الواردة في المرحلة الثانوية، كما لا يعدّ مصدراً نهائياً للتحضير لدراسة أحد أفرع الـ MINT. على العكس، فإنّ الهدف من هذا الكتاب تذكّر المعارف الرياضية من المرحلة الثانوية وإلقاء نظرة على أساسيات الرياضيات لفروع الـ MINT. للتعمّق أكثر في مقرّر مادة الرياضيات للشهادة الثانوية الألمانية أو للتحضير المكثّف لأحد أفرع الـ MINT ننصح بمراجعة المصادر التالية:

- مستوى التعليم لمادة الرياضيات في المرحلة الثانوية العامة [1]

مؤتمر وزارة الثقافة بتاريخ 18.10.2012 [2] التوجيهات الرسمية لمنهاج الرياضيات في الشهادة الثانوية في ألمانيا متضمنة تحديد المواضيع والتمارين.

- الموقع الإلكتروني لمركز تطوير جودة الأنظمة التعليمية (IQB) [3] نماذج أسئلة وتمارين لشهادة الثانوية من مختلف المقاطعات الألمانية، بما في ذلك الكثير من التمارين والملاحظات التوضيحية.
- الموقع الإلكتروني التعليمي لولاية سكسونيا [4] مكمّل لـ (IQB) وأكثر تفصيلاً نوعاً ما.
- الموقع الإلكتروني التعليمي لولاية بادن–فورتمبيرغ [5] – مكمّل لـ (IQB) وأكثر تفصيلاً نوعاً ما.
- كتاب الرياضيات للمبتدئين "Mathematik für Einsteiger" تأليف Klaus Fritzsche دار النشر Springer Spektrum، 2015.
- الرياضيات لعلماء الطبيعة "Mathematik für Naturwissenschaftler" للمؤلّفين Wolfgang Pavel، Ralf Winkler دار النشر 2007 ،Pearson Studium.
- الرياضيات لعلماء الطبيعة "Mathematik für Naturwissenschaftler" للمؤلّف Josef Hainzl دار النشر Springer Vieweg, 1981.
- الرياضيات للكيميائيين "Mathematik für Chemiker" تأليف Ernst-Albrecht Reinsch دار النشر Springer Vieweg, 2004.

---

[1] https://www.kmk.org/fileadmin/Dateien/veroeffentlichungen_beschluesse/2012/2012_10_18-Bildungs standards-Mathe-Abi.pdf

[2] https://www.kmk.org/dokumentation-statistik/beschluesse-und-veroeffentlichungen/bildung-schule/al lgemeine-bildung.html#c1284

[3] https://www.iqb.hu-berlin.de/abitur

[4] www.nibis.de

[5] http://www.schule-bw.de/faecher-und-schularten/mathematisch-naturwissenschaftliche-faecher/mat hematik

Sachverzeichnis

© Springer-Verlag GmbH Deutschland, ein Teil von Springer Nature 2018

M. Weber, *Basiswissen Mathematik auf Arabisch und Deutsch –*

أساسيات في الرياضيات باللغتين العربية والألمانية, https://doi.org/10.1007/978-3-662-58071-4